8. Zucht   73

9. Wachstum und Lebenserwartung   88

10. Krankheiten   89

11. Unfälle   98

12. Gesetz   100

Autor: Wolfgang Hans Werner Pade

Bibliografische Information der Deutschen Nationalbibliothek:
Die Deutsche Nationalbibliothek verzeichnet diese Publikation
in der Deutschen Nationalbibliografie; detaillierte bibliografische
Daten sind im Internet über http://dnb.dnb.de abrufbar.

Landschildkröten
Griechisch und Vierzehen

Herstellung und Verlag:
BoD-Books on Demand, Norderstedt
ISBN: 9783752620207

Landschildkröten
Griechisch und Vierzehen

Griechische Landschildkröte *Testudo hermanni*
Vierzehen Landschildkröte *Testudo horsfieldii*

Inhalt

Vorwort

Liebe Leser,
mein Name ist Wolfgang Pade und ich halte schon seit
meiner Kindheit Landschildkröten. Weil ich dies erfolgreich
über viele Jahrzehnte ausgeführt habe und sogar regelmäßig
gute Zuchterfolge registrieren konnte, möchte ich gern mein
Wissen über das schöne Hobby mit meinen Griechischen-
und Vierzehenlandschildkröten an zukünftige interessierte
Schildkrötenhalter oder Züchter weitergeben.

In diesem kleinen Buch ist es mir wichtig einfache und
hilfreiche Empfehlungen und Hilfestellungen weiter zu
geben, die den Einstieg in dieses Hobby, so wie das
Züchten, erfolgreich ermöglicht. Es liegt mir natürlich
auch am Herzen, dass es den Schildkröten möglichst
gut geht und die Tiere ein artgerechtes und gesundes
Leben in der Obhut eines Pflegers erleben können.
Ich möchte auch gerne dazu beitragen, dass viele Tiere
erfolgreich nachgezüchtet werden können, weil dadurch
die natürlichen Ressourcen geschont werden und es
den freilebenden Tieren, dieser Rasse, ein Leben in freier
Wildbahn ermöglicht und die Art erhalten werden kann.

Wer bei der Schildkrötenhaltung oder Zucht grobe Fehler
macht, oder gar aus Unwissenheit komplett falsch handelt,
der verantwortet unter Umständen den Verlust eines Tieres.
Das zu verhindern ist eine weitere Motivation für mich.
Natürlich sind Tiere Lebewesen und es gibt keine Garantie,
oder gar Ansprüche, auch bei gewissenhafter Einhaltung
all meiner Empfehlungen, dass dies immer alles gelingt.
Für Schäden, die durch Nachahmung entstehen, können
weder der Verlag noch der Autor haftbar gemacht werden.

Ein paar Informationen zu meiner Person.
Leider bin ich kein Biologe oder Tierarzt, was mir sicherlich
sehr viel Freude bereitet hätte, sondern arbeite als Ingenieur
in einem großen Konzern. Seit dem siebenundzwanzigsten
Lebensjahr bin ich mit meiner Frau Silvia verheiratet und
gemeinsam haben wir zwei erwachsene Söhne.

In meiner schwäbische Heimat Illingen in Württemberg bei
Stuttgart konnte ich mein Hobby mit den Landschildkröten
ausleben und meine Erfahrungen über viele Jahrzehnte
sammeln.

Dieser Ratgeber enthält 67 Farb- und 7 Schwarz-Weiß-Fotos.

Ich hoffe sie haben Interesse bekommen
und möchten mein Buch lesen,
dazu wünsche ich ihnen viel Freude.

Wolfgang Hans Werner Pade

Vierzehen Landschildkröte: Adultes Weibchen und Schlüpfling

Landschildkröten
Griechisch und Vierzehen

Griechische Landschildkröte *Testudo hermanni*
Vierzehen Landschildkröte *Testudo horsfieldii*

1. Vorwort / Warum Landschildkröten

Schildkröten existieren schon deutlich länger als Menschen auf unserem Planeten. Die Erfolgsgeschichte der Schildkröten begann vor fast dreihundert Millionen Jahren und ihre Unterarten entwickelten sich immer weiter, so dass fast alle Lebensbereiche unserer Erde von ihnen besiedelt wurden. Mit über dreihundertvierzig Arten und mehr als zweihundert Unterarten eroberten sie das Meer, die Seen, Flüsse, Sumpflandschaften, Wälder, Wiesen, Steppen, Halbwüsten und Wüsten. Dabei kommen diese Tiere mit allen Wasserqualitäten unseres Planeten zurecht. Sie sind im salzigen Meerwasser ebenso zu finden, wie im Süßwasser oder Brackwasser. Zudem bevölkerten sie fast alle Klimazonen unserer Erde und kommen mit dem gemäßigten, tropischen und subtropischen Klimazonen klar. Sie besiedelten im Laufe ihrer Evolution alle Kontinente, so leben sie im dichten Dschungel, im Wald, auf Busch- und Wiesenlandschaften, in den Halbwüsten und sogar in den Wüsten unserer Erde.

Das einzige Gebiet, das sich die Wundertiere der Evolution nicht erschließen konnten, sind die kalten Polargebiete auf unserem Planeten. Die wechselwarmen und eierlegenden Kriechtiere gehören zur Gattung der Reptilien. Die Schildkröten kommen mit einem sehr breiten Spektrum von Temperaturen und Feuchtigkeit zurecht, sie entwickelten sogar eine Überlebensstrategie in der eiskalten Winterzeit der gemäßigten Klimazone.

Ebenso anpassungsfähig u. flexibel sind Schildkröten mit der unterschiedlichen Nahrung. So gibt es reine Pflanzenfresser, Fleischfresser und Gattungen die beides zu sich nehmen. Wobei die reinen Pflanzenfresser immer wieder auch tierisches Eiweiß zu sich nehmen, sei es durch kleine Insekten oder Schnecken im Grünfutter oder Obst, oder die eine oder andere Schnecke die sie aktiv suchen und fressen. Aber auch Aas wird von Pflanzenfressern nicht verschmäht und gerne als Proteinquelle genutzt. Es gibt sogar Schildkröten, die nach dem Schlupf, in der Jugend und im adulten (erwachsenen) Lebensabschnitt sich rein tierisch ernähren und mit fortschreitendem Alter zu Pflanzenfressern werden. Die im Wasser lebenden Schildkröten sind auch nicht wählerisch und fressen Schwämme, Quallen, Krebse, Schnecken, Muscheln, Krabben, Tintenfische, Fische und was sonst noch alles in den Gewässern ihres Lebensraumes vorkommt.

Alle Schildkröten haben den grundsätzlich gleichen Körperaufbau, der aus dem Bauchpanzer *Plastron* und dem Schildkrötenrückenpanzer *Carapax* besteht, zwei Vorderbeinen und zwei Hinterbeinen, einen Schwanz und den Hals mit dem Kopf.

Natürlich haben sich alle Körperteile im Laufe der
Evolution immer weiter an ihren Lebensraum angepasst.
Meeresschildkröten besitzen einen stromlinienförmigen
Körper und ihre Vorderbeine entwickelten sich zu breiten,
kräftigen Paddeln, die Hinterbeine dagegen sind ideal
zum Lenken. Es gibt Schildkrötenarten, die ihren schweren
Panzer in lederartige Haut getauscht haben. Andere Tiere
entwickelten z.B. lange dünne Hälse. Einige Gattungen
sind sehr flach oder klein, andere haben einen stark
gewölbten Carapax oder werden sehr groß und erreichen
Körperlängen bis zu drei Meter und bringen ein Körpergewicht von fast tausend Kilogramm auf die Waage. Es
gab schon Schildkröten auf unserem Planeten die deutlich
größer waren, aber inzwischen wieder ausgestorben sind.

Das erreichbare Alter der Schildkröten ist sprichwörtlich
schon biblisch, so gibt es Aussagen von weit über zweihundert Lebensjahren, die oftmals aber nicht faktisch
sauber belegt werden können. Eindeutig nachweisbar ist
dagegen das hohe Alter der Galapagos Riesenschildkröte,
oder auch Harriet genannt, die im Australia Zoo lebte
und über hundertsechsundsiebzig Jahre alt wurde. Aber
nicht nur die großen Schildkröten werden sehr alt, sondern
auch die kleinen Arten schaffen erstaunliches. So werden
die Amerikanischen Dosenschildkröten weit über hundert
Jahre alt und die kleinen Schmuckschildkröten, die oft als
Haustiere in Terrarien gehalten werden, können über
vierzig Jahre in Gefangenschaft erreichen. Die meisten
Meeresschildkröten werden über hundert Jahre alt.
Die kleine Maurische Landschildkröte "Timothy", das
ehemalige Maskottchen der britischen Marine wurde
nachweislich über hundertsechzig Jahre alt, obwohl sie
die ersten vierzig Jahre an Bord eines Kriegsschiffes lebte.

Bei guter Pflege werden die Schildkröten deutlich älter
in der Gefangenschaft, als unter natürlichen Bedingungen.
Unter anderem, weil es in der Tierhaltung keine Fressfeinde gibt und Gefahren der Wildnis ausgeschlossen sind.

Trotz der vielen fantastischen Eigenschaften der Schildkröten, sind viele Arten kurz vor dem Aussterben. Meistens
ist der Mensch schuld daran. Schon im Mittelalter wurden
die Tiere als lebende Konserven auf den Schiffen ohne
Futter und Wasser unter unwürdigen Umständen gelagert,
um sie später als Fleisch für die Matrosen zu verwenden.
In Deutschland wurden die Europäische Sumpfschildkröten
in großen Mengen gefangen und auf den Wochenmärkten
zum Verzehr angeboten. Diese waren besonders beliebt,
wenn Fastenzeiten anstanden und deshalb kein Fleisch
gegessen werden durfte, weil man die Schildkröte früher
als Fisch einstufte. Sehr beliebt waren auch die frischen
Eier, die früher in vielen Ländern, aus den Gelegen der
Meeresschildkröten, aus dem Sand gegraben wurden u.
als Nahrungsmittel Verwendung fanden. Leider gibt es
immer noch Wilderer die dies trotz des Verbots tun. In
vielen Ländern der Erde wurden Schildkröten als Fleisch-
lieferant für die ganze Familie genutzt. Oftmals ist es
aber auch das verloren gegangene Habitat, die Umwelt-
verschmutzung oder einfach nur Fischernetze in denen
die Tiere qualvoll ertrinken und in die Ausrottung treiben.
Seit vielen Jahren findet ein Umdenken bei den Menschen
statt und die Schildkröten werden geschützt und es wird
bei den Aufzuchten geholfen u. Schutzzonen eingerichtet.
Naturschutzverbände und auch staatliche Einrichtungen
schützen die Tiere und versuchen, vor allem die bedrohten
Arten, vor dem Aussterben zu retten. Leider gelingt dies
nicht immer und das Erbgut geht dann für immer verloren.

Wie am Anfang des Buches schon mitgeteilt, ist es mir
wichtig einfache und hilfreiche Empfehlungen und Hilfestellungen weiter zu geben, die den Einstieg in dieses
schöne Hobby, so wie das Züchten, erfolgreich ermöglicht.
Damit möchte ich meinen kleinen Beitrag leisten, um
der Ausrottung der Schildkröten entgegen zu wirken.
Wer gut züchtet, der benötigt keine Wildfänge mehr
u. somit werden die natürlichen Ressourcen geschont.

Ich war früher viele Jahre im "DGHT", der "Deutschen
Gesellschaft für Herpetologie und Terrarienkunde".
Die interessanten Meetings und qualitativ hoch-
wertigen Fachvorträge fanden immer in den
Gebäuden der Stuttgarter Wilhelma statt.
Ich kann jedem nur empfehlen dort beizutreten
und mitzuwirken, weil diese Gesellschaft einen sehr
guten Beitrag zum Artenschutz und der Zucht leistet,
so wie hervorragende Fachbücher heraus gibt.

Das Buch wurde sehr einfach geschrieben, um es für
jedermann verständlich zu machen, mit so wenigen
Fachbegriffen wie möglich, damit es jeder Leihe gut
verstehen und nachvollziehen kann. Ich bitte um
Entschuldigung in der Fachwelt u. hoffe sie können
das im positiven Sinne mittragen.

Es stellt sich die Frage, warum Landschildkröten halten ?
Früher hielten schon viele einfache Haushalte in ihren
Gärten oder Terrarien Landschildkröten. Die Tiere sind
zwar nicht so schön anzufassen wie Katzen oder Hunde,
laufen auch nicht auf Zuruf hinterher. Haben dafür aber
viele andere positive Eigenschaften.

Viele Menschen mögen keine Reptilien, wie Schlangen, Echsen, Frösche oder Lurche, aber trotzdem mögen sie Landschildkröten. Dies kommt daher, weil die Landschildkröten nicht nass, schleimig, kalt oder dreckig sind.

Aber auch weil sie nicht unerwartete und erschreckende Bewegungen ausüben, keinen beißen u. ungefährlich sind. Wenn man eine Landschildkröte richtig anfasst, ist es ganz ausgeschlossen, dass das Tier nach einem schnappen kann oder mit den Krallen kratzt. Der Panzer ist fest u. trocken, deshalb haben die Menschen keine Scheu eine Schildkröte anzulangen. Die Tiere haben ein ruhiges Gemüt u. strahlen mit ihren großen Augen ein kindliches Schema aus, dass besonders gut bei Frauen ankommt. Zudem sind die Tiere mit wenig Aufwand und Kosten zu Halten und können in einem gut funktionierenden Gehege oder Terrarium auch mal alleine gelassen werden. Bei mir war es oft so, dass die ganze Straße mit Begeisterung vor meinem Grundstück stand und den Tieren, sogar längere Zeit, zuschauten.

Gerade in unserer stressigen Zeit wirkt so ein gutmütiges, friedfertiges und ruhiges Tier sehr entspannt auf uns Menschen und wir haben Freude daran die Tiere zu beobachten und zu pflegen. Da kommt man wieder runter und ist an der frischen Luft im Garten.

Ich hatte eine Lieblingsschildkröte, es war eine weibliche große Vierzehen Schildkröte, die ich als Schlüpfling kaufte und bis über zweieinhalb Kilogramm pflegte. Die kam zu mir und wollte immer am Hals gestreichelt werden und genoss die Streicheleinheiten wie eine schnurrende Katze. Ich persönlich fand auch immer die Arbeit im und um das Gehege im Garten ganz fantastisch, denn ich konnte mit meinen Händen etwas kreatives bauen oder erhalten. Ein besonderes Highlight war die Eiablage u. die spannende Zeit, bis die kleinen Schlüpflinge aus dem Ei schlüpften.

2. Beschreibung der Art

Erscheinungsbild und Farbvarianten
Griechische Landschildkröte *Testudo hermanni*

Die Griechische Landschildkröte kommt nur im europäischen Mittelmeerraum vor und sie unterteilt sich in drei Arten von Landschildkröten *Testudo*. Das sind die Griechische Landschildkröte *Testudo hermanni boettgeri*, die Dalmatische Landschildkröte *Testudo hermanni hercegovinensis* und die Italienische Landschildkröte *Testudo hermanni hermanni*.

Die Griechische Landschildkröte ist in ihrem Erscheinen eher klein bis mittelgroß u. relativ filigran. Ihr Rückenpanzer *Carapax* ist mäßig hoch gewölbt. Er verbreitert sich meist etwas zum Schwanzende hin u. wirkt deshalb in der Draufsicht oval bis leicht trapezförmig. Das Schwanzschild ist bei Testudo hermanni meistens geteilt. Die Grundfarbe des Panzers variiert von gelb bis oliv mit dunklen Flecken, die individuell u. unterartbedingt verschieden stark ausgeprägt sein können. Jungschildkröten haben eine deutliche und kontrastreiche Zeichnung auf dem Panzer, je älter die Tiere werden, desto verwaschener wird die Färbung und Zeichnung. Nur die Testudo hermanni weist bei beiden Geschlechtern am Schwanzende einen Hornnagel auf, der bei den anderen Vertretern der Gattung meistens nicht vorhanden ist. Die Maurische Landschildkröte ist der Griechischen Landschildkröte in der Zeichnung, Färbung und Größe sehr ähnlich. Die Maurische Landschildkröte hat ein ungeteiltes Schwanzschild, keinen verhornten Endnagel, spornartige Schuppen auf den Oberschenkeln und

auf der Bauchseite sind die schwarzen Flecken meistens
sehr asymmetrisch. Die Männchen haben, statt einem
flachen Bauchpanzer wie die Weibchen, oftmals einen
konkav geformten Bauchpanzer und immer einen
längeren und dickeren Schwanz, in dem der Penis
untergebracht ist.

Vierzehen Landschildkröte *Testudo horsfieldii*
Die Vierzehen Landschildkröte wird auch Steppen-
schildkröte oder Russische Landschildkröte genannt,
sie kommt in Russland und Zentralasien vor. Vier
Unterarten gibt es von der Vierzehen Landschildkröte,
es handelt sich um die Baluchische Vierzehenland-
schildkröte *Agrionemys horsfieldii baluchiorum,*
die Afghanische Vierzehen Landschildkröte *Testudo
 horsfieldii horsfieldii,* die Kasachische Vierzehen
Landschildkröte *Testudo horsfieldii kazachstanica*
und die Turkmenische Vierzehen Landschildkröte
Testudo horsfieldii rustamovi.

Die Vierzehen Landschildkröte ist deutlich flacher als
die anderen *Testudo* Arten und ihr Rückenpanzer ist
oval bis kreisrund. Ihre Panzerfärbung reicht von
gelblich über oliv bis braun oder ocker mit verschieden
großen dunklen Flecken. Es gibt auch Tiere die fast
schwarz sind oder ganz ohne Zeichnung in gelbbraun.
Hier gilt auch wieder, je nach Unterart und Herkunft
kann dies stark variieren. Nur die Männchen tragen
einen kleinen Hornnagel am Schwanzende. Die
Männchen haben, statt einem flachen Bauchpanzer
wie die Weibchen, einen konkav geformten Bauchpanzer und einen längeren und dickeren Schwanz,
in dem der Penis untergebracht ist.

Schildkrötenrückenpanzer *Carapax*

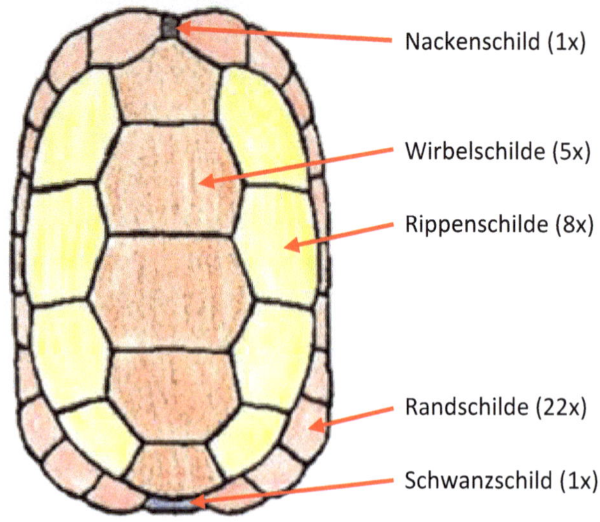

Schildkrötenbauchpanzer *Plastron*

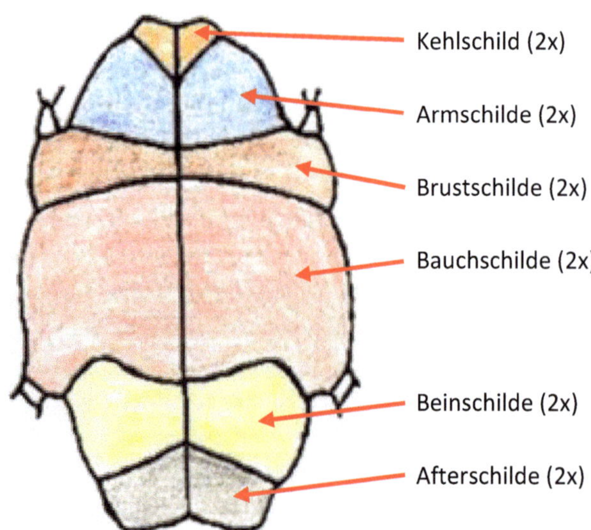

Griechische Landschildkröte *Testudo hermanni*

Schildkrötenrückenpanzer Schildkrötenbauchpanzer

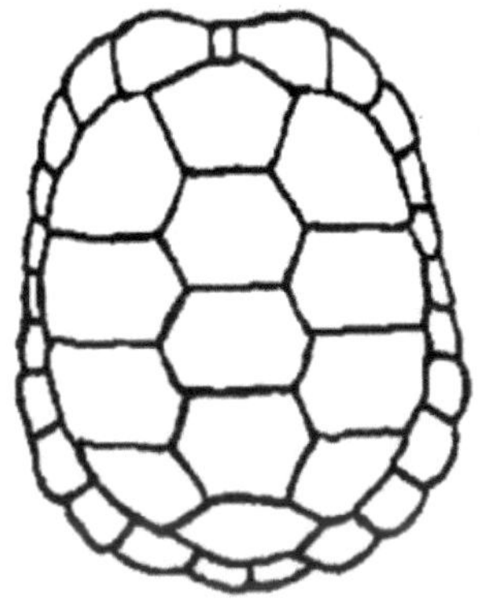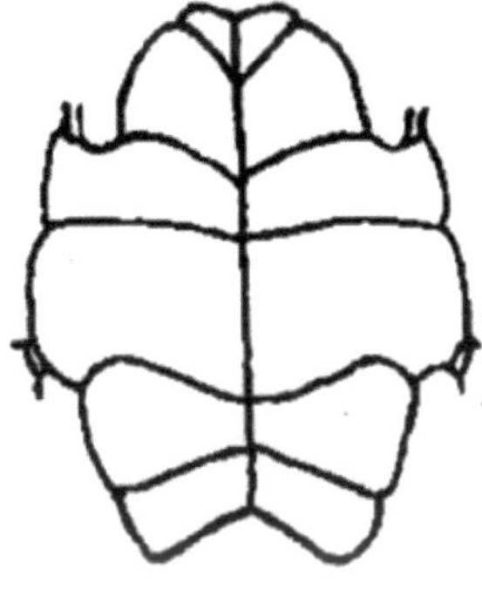

Vierzehen Landschildkröte *Testudo horsfieldii*

Schildkrötenrückenpanzer Schildkrötenbauchpanzer

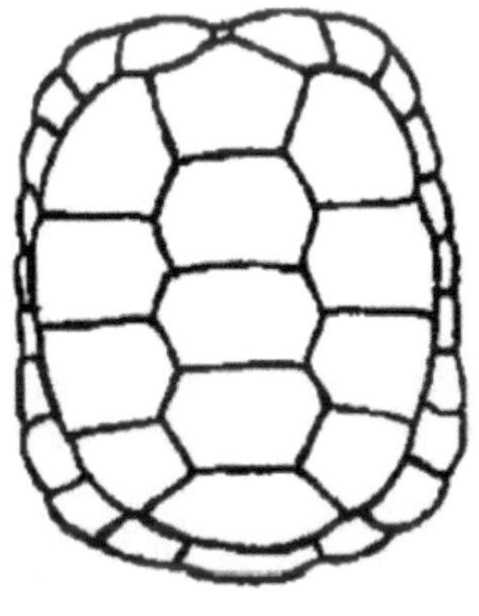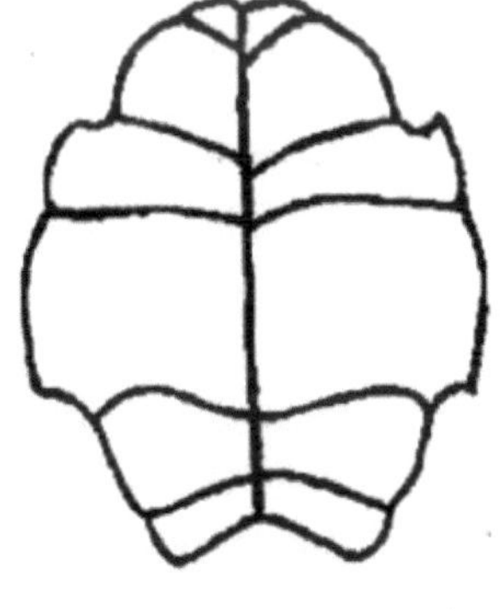

Kopf und Gliedmaßen
Griechische Landschildkröte
Bei der Griechischen Landschildkröte ist der Kopf eher
rundlich und stämmig, sie besitzt meistens keinen gelben
Fleck unter dem Auge.

Die Augen der Tiere sind fast schwarz und die
Augenlieder sind oval bis rund. Ihr Schädelknochen
über dem Auge ist zierlich meist nur leicht gewölbt.
Der Kopf und die Vorderbeine besitzen kleine bis mittel-
große Schuppen. Die Vorderbeine sind meistens mit fünf
Krallen ausgestattet, dagegen haben die Hinterbeine
immer nur vier Krallen. Die Krallen an den Vorderbeinen
sind flach und breit und bestens zum Graben geeignet,
dagegen sind die Krallen an den Hinterbeinen etwas
kleiner und nicht so flach. Der Kopf und die Extremitäten
sind hell und dunkel, in den Farben gelblich bis braun,
geschuppt.

Kopf und Gliedmaßen
Vierzehen Landschildkröte
Der Kopf der Vierzehen Landschildkröte ist eher
rundlich und massiv, üblicherweise haben die Tiere
keine Zeichnungen an ihrem Kopf. Die Augen der Tiere
sind fast schwarz und die Augenlieder gering oval mehr
rund. Ihr Schädelknochen über dem Auge ist massiv,
kräftig ausgeprägt und gewölbt. Ihre Weichteile sind
von gelb bis braun und manchmal sogar leicht grünlich
geschuppt. Der Schwanzschild ist ungeteilt und an den
kräftigen Vorderbeinen befinden sich immer nur vier
Zehen, die sehr kräftige und breite Krallen, zum Graben,
ausgebildet. Die Hinterbeine sind weniger massiv und die
Krallen kleiner und nicht so breit wie die Vorderkrallen.

Jungtier- und Alttierfärbung
Schlüpflinge haben auf ihrem Rückenpanzer noch eine
wesentlich geringere und kontrastärmere Zeichnung,
als dies später bei den älteren Jungtieren der Fall ist.

Jungtiere, die ein paar Monate alt sind haben eine deutliche und kontrastreiche Zeichnung auf dem Panzer, je älter die Tiere werden, desto verwaschener wird die Färbung und Zeichnung auch der Panzerung der Tiere.

Variabilität der Herkunft

Die Regel der Variabilität ist relativ einfach, je größer die Fläche des vorkommenden Habitats der Landschildkröten und je unterschiedlicher ihre Geografie und Topografie ist, desto größer ist ihre Variabilität in der Größe, Form und Farbe der darin lebenden Schildkröten. So sind die Tiere in den höheren Regionen oftmals größer und dunkler in ihrer Färbung als Tiere aus einer flachen und wärmeren Region. Dies sind alles Merkmale die sich im Laufe der Evolution weiter entwickelt haben, denn z.B. in den höheren Lagen ist es wichtig gut und schnell Wärme aufnehmen zu können, vor allem bei Reptilien oder wechselwarmen Lebewesen, weil die Temperatur in höheren Lagen meist niedriger ist und die Sonne oftmals nicht so lange scheint wie im Flachland. Da hilft eine dunklere Färbung, weil diese die Wärmestrahlung besser aufnehmen kann. Ebenso sinnvoll ist ein größerer Körper in kälteren Regionen, weil dieser nicht so schnell auskühlt als ein kleiner Körper. Auch sollte im Verhältnis zum Körpergewicht die Oberfläche des Körpers möglichst klein sein, um vor schnellem Auskühlen zu schützen. Dort wo die Sonne sehr lange und intensiv scheint, sind die Landschildkröten oftmals heller in ihrer Zeichnung und kleiner in ihrer Körpergröße, wenn es regional nicht weitere entscheidende Einflussfaktoren gibt. Natürlich spielt die Klimazone, das Kleinklima, die Temperaturen, Luftfeuchtigkeit, Dauer der Sonnenstunden und weitere Faktoren, z.B. Fressfeinde eine weitere Rolle, die sich in

der Größe, Färbung, Zeichnung u. Körperform der Landschildkröten auswirken. Zum Beispiel entwickeln sich
Tiere in abgelegenen oder fast abgeschnitten Habitaten
oftmals ganz anders als Tieren denen ein Genaustausch
über eine sehr hohe Stückzahl der Population möglich ist.

Größe und Gewicht
Griechische Landschildkröte *Testudo hermanni*
Die Griechische Landschildkröte erreicht eine durch-
schnittliche Bauchpanzerlänge *Plastron* von bis zu
zweiundzwanzig Zentimeter, können aber in seltenen
Ausnahmefällen bis zu sechsunddreißig Zentimeter
bei den weiblichen Tieren und bis zu zweiunddreißig
Zentimeter, bei den kleineren Männchen, lang werden.
Die Körperlänge der Weibchen ist rund zwölf Prozent
größer als die der Männchen.
Ganz entscheidend ist die Größe der Tiere von ihrem
Herkunftsland und Habitat, es gibt hier auch kleine
Unterarten, z.B. aus der Toskana in Italien oder Tiere
aus Kroatien, Bosnien-Herzegowina und Montenegro.

Schlüpflinge der Griechischen Landschildkröte wiegen
zwischen sieben und zwanzig Gramm, im Durchschnitt
rechnet man mit zehn Gramm. Adulte Tiere wiegen
zwischen tausend und zweitausend Gramm, können
aber in Ausnahmefällen bis zu drei Kilogramm erreichen.
Wobei die männlichen Tiere immer deutlich leichter als
die weiblichen Tiere sind, bedingt durch den kleineren
Wuchs u. dem geschuldet, dass die Weibchen möglichst
viele Eier in ihrem Körper unterbringen sollten.

Vierzehen Landschildkröte *Testudo horsfieldii*
Vierzehen Landschildkröte erreicht eine durch-
schnittliche Bauchpanzerlänge *Plastron* von bis zu
fünfundzwanzig Zentimeter, sie kann aber in seltenen
Ausnahmen bis zu achtunddreißig Zentimeter erreichen.
Die oben genannten Längen haben nur Gültigkeit für
die Weibchen, denn die Männchen bleiben deutlich
kleiner u. werden selten länger als fünfzehn Zentimeter.
Ganz entscheidend ist die Größe der Tiere von ihrem
Herkunftsland und Habitat, es gibt hier auch kleinere
Unterarten.

Schlüpflinge der Vierzehen Landschildkröte wiegen
zwischen fünfzehn und zwanzig Gramm, im Durchschnitt
rechnet man mit sechzehn Gramm. Adulte weibliche
Tiere wiegen um die zweitausend Gramm, können aber
in Ausnahmen über drei Kilogramm Gewicht erreichen.
Die Männchen wiegen im Schnitt zwischen sechshundert
bis achthundert Gramm, in seltenen Fällen bis tausend
Gramm. Wobei die männlichen Tiere immer deutlich
leichter als die weiblichen Tiere sind, bedingt durch den
kleineren Wuchs und dem geschuldet, dass die Weibchen
möglichst viele Eier in ihrem Körper unterbringen sollten.

Geschlechtsunterschiede
Das auffälligste Merkmal der Geschlechtsunterschiede
ist der breite, kräftige und lange Schwanz der Männchen
im Verhältnis zu dem kurzen Schwanz der Weibchen, bei
den Landschildkröten. Dieses Unterscheidungsmerkmal
lässt sich bei den Schlüpflingen meistens noch nicht feststellen und zeigt sich erst beim Älterwerden der Tiere.

Die Männchen klappen ihren Schwanz beim Laufen nach rechts oder links, so dass der Schwanz unter dem Panzer oftmals bis zum Oberschenkel reicht. Weibchen hingegen tragen ihren Schwanz beim Laufen gerade. Der Schwanz der Männchen ist deshalb so groß, weil in dem Schwanz der Penis untergebracht ist, der aber nur zur Paarungszeit ausgefahren wird. Im Verhältnis zur Körpergröße ist der Penis bei den Landschildkröten relativ groß und lang. Auf Grund dessen, weil sich das Männchen bei der Paarung, durch die Panzer, nicht so einfach an das Weibchen schmiegen kann und deshalb eine größere Distanz überbrückt werden muss. Die Männchen haben, statt einem flachen Bauchpanzer wie die Weibchen, oftmals einen konkav geformten Bauchpanzer, also nach innen eingedellt, dadurch ist das besteigen bei der Paarung einfacher und während dem Akt rutscht das Männchen nicht ganz so leicht zur Seite.

Griechisches L. Weibchen

Griechisches L.-Männchen

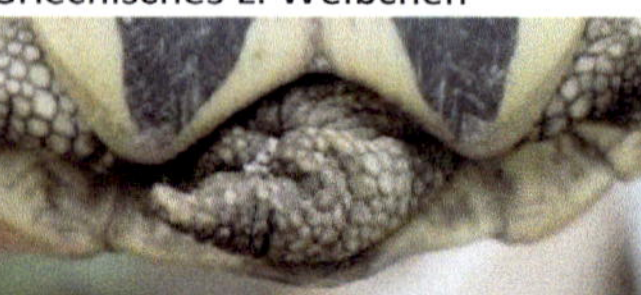

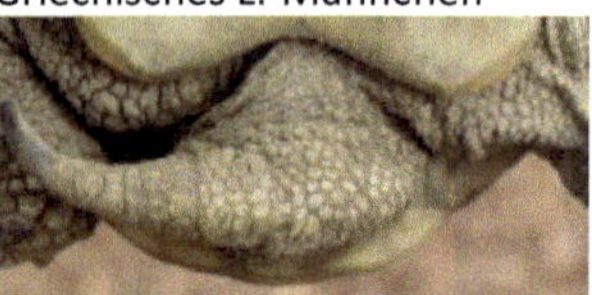

Beim Laufen liegt der Schwanz des Männchens seitlich.

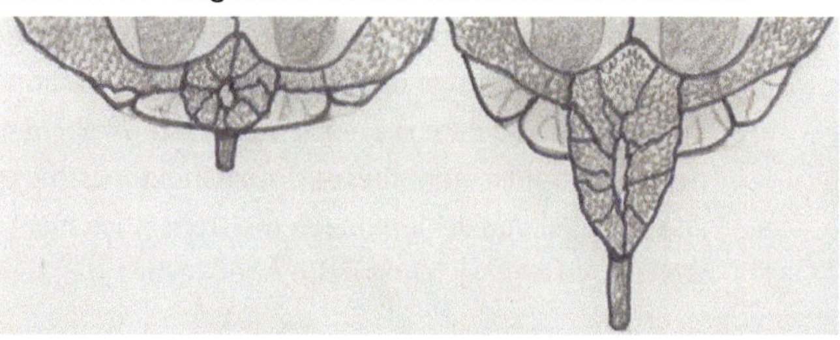

Gerade Position der Schwänze in der Skizze dargestellt.

Seh- und Hörvermögen

Landschildkröten sind tagaktive Tiere u. dafür ist ihre Augenleistung ausgelegt, nachts sehen sie schlecht. Die Augen der Landschildkröten befinden sich seitlich am Kopf, aus diesem Grund haben die Tiere fast einen Rundumblick. Sie sehen räumlich sehr gut, aber auch in der Ferne, was beim Finden der Nahrung hilfreich ist. Mit ihren Augen erkennen sie sehr gut leuchtende Farben, besonders Rottöne, auch auf großen Distanzen. Weil Landschildkröten, wie alle Reptilien, mit vier verschiedene Farbrezeptoren ausgestattet sind, können diese Tiere Farben besser als Menschen differenzieren. Mit dieser Ausstattung können sie sehr gut sehen und sind sogar in der Lage auch Teile der Ultravioletten- und Infrarot-Strahlung wahrzunehmen. Dagegen sehen sie die detaillierten Grautöne in ihren Farbstufen etwas weniger gut. Wenn man sich einer Schildkröte sehr schnell nähert, dann folgt eine schnelle Fluchtreaktion, bei langsamer Annäherung flüchten die Tiere sehr viel später, weil die Augen u. das Gehirn so abgestimmt sind. Gute und gesunde Augen sind bei Landschildkröten sehr klar, feucht und glänzend, dürfen nicht tropfen und keine Trübung aufweisen.

Landschildkröten haben in ihrem Kopf ein recht kompliziert aufgebautes Innenohr und ein Mittelohr, sie haben aber kein Außenohr, wie es die meisten Säugetiere entwickelt haben. Auf beiden Seiten des Kopfes befinden sich hinter den Augen und dem Maul das glatte und geschlossene Trommelfell, quasi als Abschluss des Mittelohres. Durch diese geniale Lösung der Evolution, kann sich kein Dreck im Gehörgang sammeln, den die Schildkröte nicht entfernen könnte.

Landschildkröten haben nicht den ganzen Frequenz-
bereich wie wir Menschen, sie hören nur Laute in einem
Frequenzband zwischen hundert bis tausend Herz, dies
sind eher die Töne im tieferen Schallbereich. So können
sie näher kommende Tiere anhand ihres Trittschalls frühzeitig hören, aber auch die Fressgeräusche ihrer Artgenossen. Es gibt Studien, in denen weibliche Landschildkröten der Gattung Testudo sogar auf akustische
Signale der Männchen beim Paarungsspiel reagieren,
wobei sie schnell aufeinander folgende Geräusche und
hohe Töne, also kleine Männchen, scheinbar bevorzugen.

Griechische Landschildkröte

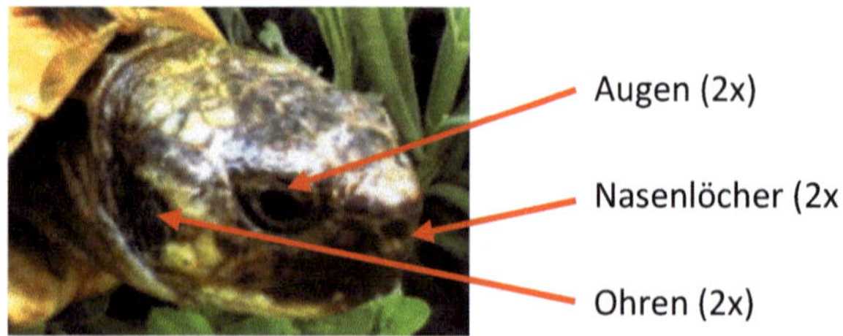

Vierzehen Landschildkröte

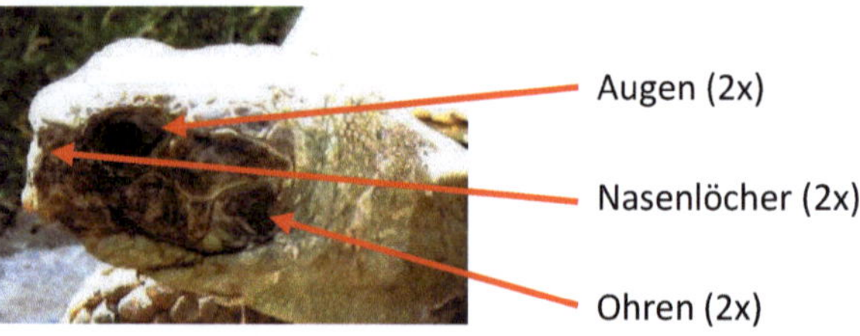

Geruchs-, Tast- und Geschmackssinn
Schildkröten sind eigentlich Nasentiere, denn alles
was wirklich wichtig für die kleinen Landschildkröten ist,
wird in der Hauptsache über die Nase der Tiere wahrgenommen.

Durch ihren ausgeprägten Geruchssinn, der deutlich besser als bei uns Menschen ist, können die Landschildkröten aus großer Entfernung andere Artgenossen, andere Tiere oder Fressfeinde frühzeitig wahrnehmen. Auch eine Duftspur, z.B. der von Artgenossen können sie verfolgen, dies hilft natürlich bei der Partnersuche auf großen Entfernungen. Wenn interessante Gerüche von weit her kommen, dann stellt sich die Landschildkröte auf ihren Beinen möglichst weit nach oben und streckt den Hals weit nach vorne u. oben, um möglichst viel und genau entschlüsseln zu können. So sind die kleinen Tiere in der Lage, alleine durch ihren Geruchssinn ihre Futterpflanzen zu finden und zu unterscheiden zwischen essbaren oder giftigen Pflanzen. Die Prägung der Futterpflanzen findet üblicherweise in der Jugendzeit statt und eine Änderung oder Erweiterung im Alter fällt den Tieren oftmals schwer. Über ihre Nase können sie Aas oder Kot von Artgenossen oder von anderen Tieren genau unterscheiden. Wochen vor der Eiablage prüfen die weiblichen Landschildkröten welcher Eiablageplatz geeignet ist, hierzu wird durch das Sinnesorgan Nase die Feuchtigkeit, Temperatur und die Beschaffung des Substrat, in der Regel Erde oder Sand, überprüft. Dazu wird mehrfach ganz dicht über dem Boden mit der Nase ein und ausgeatmet und erst wenn dessen Qualität der weiblichen Landschildkröte zusagt, wird eine Grube gegraben und die Eier darin abgelegt.

Es gibt leider bis heute immer noch wenige Halter von Landschildkröten die der Auffassung sind, dass die Tiere durch ihren Panzer nichts spüren, weil die Tiere keinen Tastsinn haben und schmerzfrei sind. Deshalb bohren sie Löcher in den Carapax und ketten die Schildkröten an.

Dies ist natürlich absoluter Schwachsinn, denn die Tiere
haben einen Tastsinn, auch im Panzer und spüren alle
Berührungen. Es ist unverantwortlich in den Carapax ein
Loch zu bohren, um dann eine Schraube zu befestigen,
die zum Anketten der armen Tiere dient. Das ist schlicht
und einfach Tierquälerei und gehört sofort abgestellt
und bestraft.

Die feuchte und rosa Zunge der Landschildkröten ist ein
fleischiger Muskel wie bei uns Menschen. Damit können
die Tiere den Geschmack des Futters aufnehmen und
dessen Eignung zum Verzehr prüfen. Wenn etwas nicht
schmeckt, wir dies mit den Vorderbeinen aus dem Maul
heraus gezogen. Der Geschmackssinn von Griechischen
oder Vierzehen Landschildkröten ist gut entwickelt.
Die chemischen Sinnesreize werden mit Hilfe der
Knospen der Zungenpapillen aufgenommen, die den
Geschmack vermitteln. Auf der Oberseite der Zunge
befinden sich diese Geschmacksrezeptoren. Auch hier
gilt, Schildkröten fressen nur, was sie von klein auf
gewohnt sind oder ihnen schmeckt. Gut schmeckendes
und süßes Obst frisst die Landschildkröte sehr gern,
doch es ist nicht so gesund und sollte nur in Ausnahmefällen angeboten werden. Wissenschaftlich werden
fünf Geschmäcker von den Menschen unterschieden,
es handelt sich um süß, salzig, sauer, bitter und umami.
Welche der Geschmäcker nun von Reptilien oder Landschildkröten wahrgenommen wird, ist noch nicht ganz
erforscht und aus diesem Grund offen.

Gleichgewicht

Die Landschildkröten haben einen ausgeprägten und
guten Gleichgewichtssinn, den sie vor allem beim Laufen
und Graben ihrer Gänge für die kalte Jahreszeit und als
Versteck benötigen. Weil in den Gängen unter der Erde
alle anderen Sinne untergeordnet sind. Dies ist z.B. für
die Vierzehen Landschildkröte besonders wichtig, weil sie
sonst ihre bis zu zwölf Meter langen Gänge nicht sinnvoll
anlegen könnte und über den Winter erfrieren würde.
Der Gleichgewichtssinn kann bei einer Landschildkröte
sehr einfach geprüft werden. Indem das Tier so in die
Hand genommen wird, dass es einen ansieht und beim
langsamen Drehen in die eine oder andere Richtung
versucht das Tier immer den Kopf horizontal zu halten.

3. Lebensraum

Natürlicher Lebensraum *Habitat*
Griechische Landschildkröte *Testudo hermanni*

Die Griechischen Landschildkröten *T. hermanni* waren
einst im gesamten Mittelmeerraum, im breiten Küstenstreifen auf der nördlichen Mittelmeerseite, von Spanien
bis in die nördliche Türkei angesiedelt. Die Populationen
schrumpften im Laufe der Zeit immer weiter zusammen,
so dass die aktuelle Landkarte ihr Vorkommen in ihrem
natürlichen Habitat einigermaßen widerspiegelt.

Die Dalmatische Landschildkröte *T. h. hercegovinensis*
lebt im Habitat der östlichen Küstenzone der Adria, in
Kroatiens, Bosnien-Herzegowina, Serbien u. Montenegro.
Z.B. in Kroatien reicht der Lebensraum, in die Ebenen
des Flusses Neretva, weit bis in das Landesinnere hinter
die Stadt Mostar.

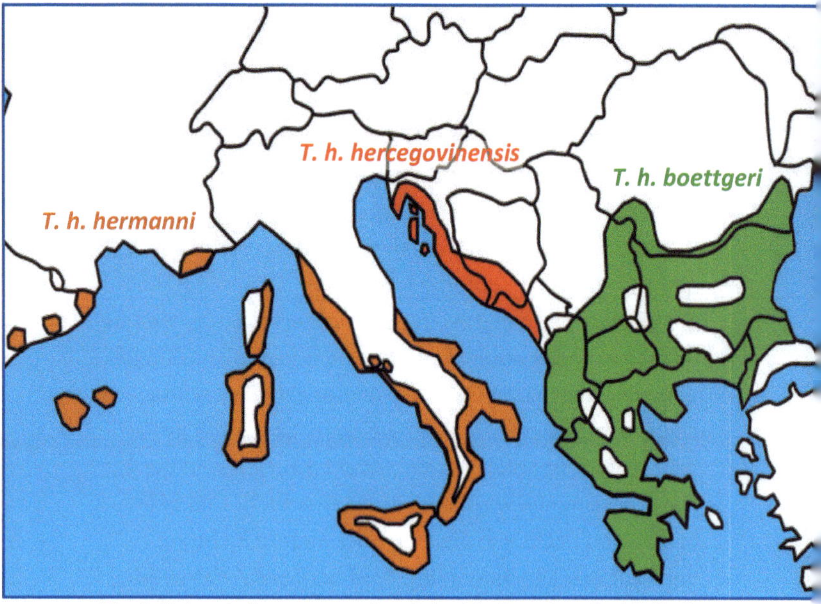

Natürlicher Lebensraum der Griechischen Landschildkröte

Natürlicher Lebensraum der Vierzehen Landschildkröte

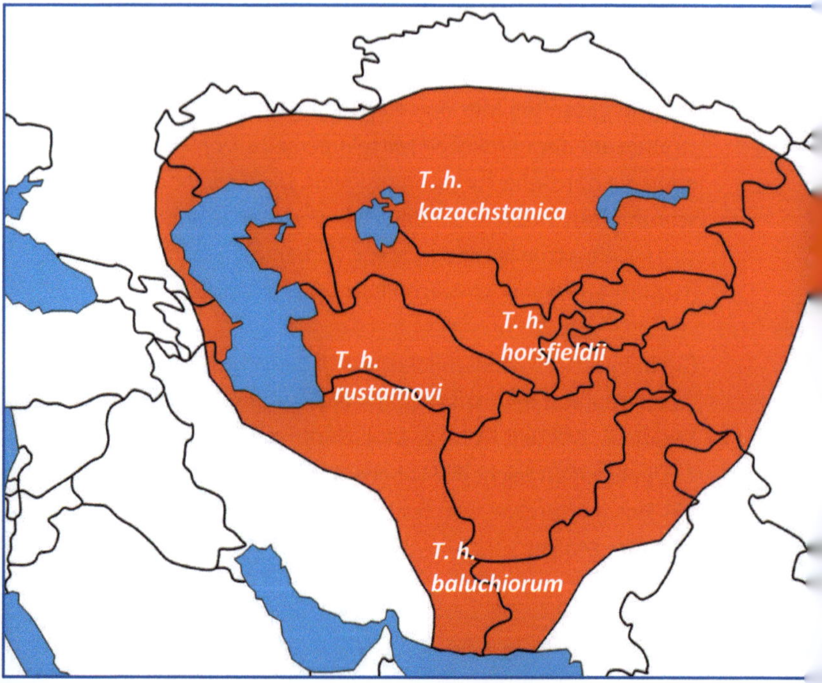

Die Griechische Landschildkröte *T. h. boettgeri* ist noch
flächig, aber auch schon mit deutlichen Lücken in den
Ländern Griechenland, Albanien, Mazedonien, südlich-
östlich in Serbien u. Montenegro, Bulgarien und dem
südlichen Rumänien angesiedelt. Flächig gesehen besitzt
die *T. h. boettgeri* noch das größte Verbreitungsgebiet in
Europa. Dies liegt u.a. auch daran, dass die Staaten noch
relativ dünn von Menschen besiedelt sind, sehr wenig
Industrie haben und es noch genügend Rückzugsgebiete,
im Habitat der Schildkröten, vorhanden sind.

Die Italienische Landschildkröte *T. h. hermanni* wurde
bisher, von den Menschen, am weitesten aus ihrem
angestammten Habitat verdrängt. Das ist eine Folge der
Besetzung ihres Habitats, der Industrialisierung und der
Plünderung der Tiere aus der Natur. Die *T. h. hermanni*
sind noch einigermaßen häufig im geschlossenen
Küstenstreifen um Sizilien und Sardinien, so wie um
den mittleren bis südlichen Küstenstreifen um den ital.
Stiefel, zu finden. In Frankreich leben noch Tiere auf dem
gesamten Küstenstreifen der Ostküste von Korsika und
in einem Gebiet zwischen Marseille und Nizza. Im Nord-
osten Spaniens gibt es nur noch drei kleine Populationen
in dessen Habitat sich die *T. h. hermanni* zurückziehen
konnten und ums überleben kämpfen.

Dort wo die Tiere sich ausbreiten dürfen und von den
Menschen nicht eingesammelt und verkauft werden,
halten sich die Populationen. Vor allem seitdem es einen
besseren Naturschutz gibt und durch die Gesetzte der
jeweiligen Staaten, fangen die Tierbestände an sich
wieder ein wenig zu erholen.

Natürlicher Lebensraum *Habitat*
Vierzehen Landschildkröte *Testudo horsfieldii*
Die Vierzehen Landschildkröte *Testudo horsfieldii* ist
noch einigermaßen flächig in ihrem natürlichen Habitat
verbreitet. Die Anzahl der Tiere ist trotzdem nicht hoch,
weil das Habitat nur sehr wenig Nahrung bietet und
somit die einzelnen Tiere eine große Fläche zum Über-
leben benötigen. Durch das stetige Abgreifen großer
Mengen aus dem natürlichen Habitat reduziert sich
die Population der *T. h. horsfieldii* immer weiter.
Das komplette Habitat dieser *T. horsfieldii* mit allen
Unterarten liegt in der Region östlich des Kaspischen
Meeres über Kasachstan, Usbekistan, Tadschikistan,
Turkmenistan und südwärts bis Ost-Iran, Nord-
Afghanistan, Pakistan und West-Belutschistan bis
über die Landesgrenzen des westlichen Chinas.
Seinem Hauptverbreitungsgebiet nach müssten
diese Landschildkröten eigentlich zur asiatischen Art
zugehören. Es gibt jedoch ein Vorkommen südlich
von Samara, wobei dies die am nördlichsten
vorkommende Testudine wäre.

Die Baluchische Vierzehen Landsschildkröte
Agrionemys horsfieldii baluchiorum oder *T. h.
baluchiorum* ist die südlichste Population und
besiedelt die Staaten Iran, Afghanistan u. Pakistan
bis zum Arabischen Meer.

Die Unterart der Turkmenischen Vierzehen Landschildkröte *T. h. rustamovi* lebt hauptsächlich süd-
östlich des Kaspischen Meeres im Verbreitungsgebiet
Turkmenistan dem nordöstlichen Iran, im Norden
von Afghanistan und im südlichen Usbekistan.

Die Afghanische Vierzehen Landschildkröte *T.h.
horsfieldii* besiedelt dagegen den östlichen Teil des
Verbreitungsgebietes. Dies ist hauptsächlich Afghanistan,
Tadschikistan, Kirgisistan, östliche Teile von Usbekistan,
aber vor allem bis in den Osten von China hinein reicht.

Die Heimat der Kasachischen Vierzehen Landschildkröte
T. h. kazachstanica ist das nördliche Habitat der Familie
der *Testudo horsfieldii.* Die größte Fläche liegt in
Kasachstan und grenzt in den Süden nach Usbekistan
und Kirgisistan, im Norden und Westen an Russland, im
Osten bis nach China hinein.

Die Populationen der *T. h. kazachstanica* umschließt
im Norden, Osten und Westen das Kaspische Meer bis
Richtung Süden. Im Süden, Osten und Westen um das
Kaspische Meer besiedelt die Unterart *T. h. rustamovi*
die Fläche. Es gibt von allen Unterarten in ihrem Lebensraum fließende Übergänge, wodurch sich die Unterarten
biologisch untereinander mischen.

Durch die vielen erfolgreichen Nachzuchten, der in
Deutschland und seinen Nachbarländern gehaltenen
Vierzehen Landschildkröten reduziert sich der Wildfang
erheblich u. die natürlichen Ressourcen in den Habitaten
fangen an sich leicht zu erholen. Der erste Schritt ist
getan, in der Hoffnung das dieser Prozess weiter läuft.

Vegetation
Griechische Landschildkröte *Testudo hermanni*
Diese Tiere kommen ursprünglich aus dichteren
Waldbereichen, die aber im Laufe der Geschichte wegen
dem Schiffsbau, Feuerholz, usw. flächig gerodet wurden.

Dadurch entstand das typische Landschaftsbild, das
es heute z.B. noch in Kroatien zu finden gibt. Gerade
in den Flächen die aus Büschen, vereinzelten Bäumen
u. Graslandschaften bestehen, fühlt sich die Griechische
Landschildkröte wohl. Sie besiedelt von Dünenland-
schaften über wilde Wiesen, strauchige Flächen, karge
und steinige Ebenen, Obstgärten oder Olivengärten,
Randgebiete am Wald oder landwirtschaftliche Flächen,
bis hin zu den Weideflächen der Schafe und Ziegen. All
diese Gebiete hat sich die *Testudo hermanni* erobert u.
pflanzt sich dort auch erfolgreich fort, wenn sie nicht
vom Menschen verdrängt oder ausgerottet wird. Die
Tiere sind futtertechnisch sehr genügsam und brauchen
nur wenig Wasser, das ist einer der Gründe, warum sie
so erfolgreich die trockenen und halbtrockenen Gebiete
besiedeln können. Nur in Feuchtgebieten siedeln die
Landschildkröten sich nicht an, dies ist eher das Habitat
der Sumpfschildkröten. Ich möchte hier nicht die
einzelnen Sträucher, Bäume und Gräser aufzählen,
die im Habitat der Landschildkröten vorkommen.
Denn das sind die Pflanzen die in den oben genannten,
mehr oder weniger begrünten Flächen, in ihrem
natürlichen oder auch landwirtschaftlichen Lebensraum vorkommen.

Vierzehen Landschildkröte *Testudo horsfieldii*
Die Vierzehen Landschildröte besiedelt ein sehr
großes Verbreitungsgebiet, das meistens zu den kargen
Halbwülsten und Steppenlandschaften zählt. Hier ist die
natürliche Vegetation auf Grund der Landschaft, der oft
nährstoffarmen u. steinigen Böden, so wie des trockenen
Klimas sehr dünn bewachsen. Infolgedessen
beanspruchen die genügsamen Tiere große Flächen.

Klima- und Höhenangaben

Die Griechische Landschildkröte kommt fast nur
im milden Mittelmeerklima vor, dieses zeichnet sich
durch milde Winter, trockene und heiße Sommer, so
wie geringer Niederschläge über das ganze Jahr, aus.
Die durchschnittliche Temperatur im Winter liegt bei
rund fünf Grad Celsius und in den Sommermonaten bei
zweiundzwanzig bis fünfundzwanzig Grad. In den
nördlichen Verbreitungsgebieten kann die Durchschnitts-
temperatur im Winter bei Minus zweieinhalb Grad im
Mittel liegen, dagegen im Sommer zwischen zwanzig
und achtundzwanzig Grad im Mittelwert. Der Niederschlag im natürlichen Habitat, liegt je nach Lage etwas
unterschiedlich, so sind rund fünfzig bis achthundert
Millimeter im Sommer zu erwarten und an der
Dalmatischen Küste tausendzweihundert bis maximal
tausendvierhundert Millimeter. Die durchschnittliche
Sonnenscheindauer liegt zwischen zweitausend bis
zweitausendfünfhundert Stunden pro Jahr. Grundsätzlich
kann zur Höhenangabe gesagt werden, je wärmer der
Landstrich grundsätzlich ist, desto höher können die
Tiere in den Höhen der Bergregionen leben. So sind die
Landschildkröten in Kroatien und Bosnien-Herzegowina
bis auf maximal fünfhundert Meter Höhe zu finden, in
Albanien sogar bis tausendzweihundert Meter über
dem Meeresspiegel. In Bulgarien und Rumänien liegt
der Höhenrekord bei tausendvierhundert Meter. Auf
dem französischen Festland leben die Tiere in den
unzugänglichen Gebieten zwischen vierhundert bis
siebenhundert Meter Höhe. Dagegen leben auf der
Insel Korsika die meisten Tiere auf Meereshöhe bis
zweihundert Meter Höhe und nur selten in den Höhen
von sechshundert bis neunhundert Meter Höhe.

Auf dem italienischen Festland erreichen die Landschildkröten Höhen bis fünfhundert Meter, im Süden sogar bis
achthundert Meter Höhe. Auf der Insel Sizilien schaffen
die kleinen Tiere sogar Höhen bis zu tausendfünfhundert-
fünfzig Meter Höhe. Im Zentrum von Sardinien kann
man die Landschildkröten bis achthundert Meter Höhe
antreffen. In den spanischen Gebieten Kataloniens
erklimmen die Griechischen Landschildkröten bis zu
sechshundert Meter Höhe.

Die Vierzehen Landschildröte bewohnt ein sehr großes
Verbreitungsgebiet, das überwiegend zu den kargen
Halbwülsten und Steppenlandschaften gehört und diese
oft weit oben in der Höhe liegen. Leider habe ich hierzu
keine zuverlässigen und genauen Angaben bezüglich der
Höhe, Niederschlag, Luftfeuchtigkeit und Sonnenstunden
pro Jahr im Lebensraum der Vierzehen Landschildkröten.
Aber eines ist gewiss, die Tiere erreichen sicherlich,
bedingt durch das noch heißere Klima, als bei den
Griechischen Landschildkröten, noch höhere Höhen in
ihren Lebensräumen. Die Durchschnittstemperaturen
liegen auch weit über denen des Mittelmeerraumes,
zumindest tagsüber und in den Nächten kann es im
Lebensraum der Tiere richtig kalt werden. Aus diesem
Grund ist die aktive Tagesphase der *Testudo horsfieldii*
nicht so lang und sie müssen sich bei zu hoher Mittags-
hitze oder der nächtlichen Kälte in ihre langen Schutz-
gänge unter der Erde zurückziehen. Damit sie einerseits
keinen Hitzeschlag erleiden und andererseits nicht
erfrieren. Auch gibt es in ihrem Habitat nicht so viele
Schattenspender, wie Bäume oder Büsche, weil der
Regen sehr unregelmäßig und selten vom Himmel fällt.

Altersstruktur und Populationsdichte

Die Altersstruktur und die Populationsdichte richtet
sich in einem natürlichen Habitat in der Hauptsache
je nach dem Futtervorkommen und den Fressfeinden.
Wenn Naturkatastrophen unberücksichtigt bleiben.
Dort wo die Nahrung knapp ist, entwickelt sich die
Dichte der Population gering, wenn dann noch
Fressfeinde hinzu kommen, dann wird die Dichte
sehr gering. Im Gegenteil ist die Dichte der
Populationen immer hoch, wenn Futter im Überfluss
vorhanden ist und sehr hoch wenn zusätzlich keine
Fressfeinde existieren. In Gebieten mit Fressfeinden
sind die ganz jungen Tiere stark gefährdet. Umso
älter und somit größer die Landschildkröten werden,
desto geringer ist die Gefahr gefressen zu werden.
Es gibt durchaus Gegenden, in denen die Populationsdichte der Landschildkröten höher als hundertfünfzig
Landschildkröten pro Hektar ist und die Tiere ein gutes
und stressfreies Leben führen können. Vorausgesetzt
der Mensch greift keine Jungtiere aus dem Habitat ab.
Bei Tierbeobachtungen meinen viele Tierfreunde,
es gibt keine oder wenige Jungtiere im untersuchten
Habitat. Dies kommt oft daher, weil die Jungtiere oder
Schlüpflinge sehr klein sind und deshalb schwerer zu
finden sind, oder die Kleinen einfach mehr Ruhephasen
in ihren Verstecken halten.

Geschlechterverteilung

Die Geschlechtsverteilung unter den Schildkröten hängt
von vielen Faktoren ab, z.B. wenn die Männchen deutlich
früher geschlechtsreif als die Weibchen werden, dann
werden in der Regel mehr adulte Männchen gezählt.

Oft ist das Verhältnis der Weibchen zu den Männchen
annähernd gleich, aber meistens gibt es mehr Weibchen.
In Frankreich sind die Verhältnisse fast gleich, es gibt
nur einen leichten Überschuss an Weibchen. In den
spanischen Habitaten gibt es auf ein Männchen zweieinhalb Weibchen. In der Toskana ist es wie in Frankreich. In Kroatien kommt auf ein Männchen eins Komma
drei Weibchen. In Griechenland schwankt das Verhältnis
der Männchen zu den Weibchen ganz unterschiedlich,
denn es gab an vier Untersuchungsstellen die groben
Verhältnisse auf ein Männchen zwei bis sechs Weibchen.
Im Mittelwert waren es rund drei Weibchen auf ein
Männchen. In Rumänien waren es bei einer Feld-
analyse auf ein Männchen null Komma neun Weibchen.
In Montenegro war das Verhältnis fast ausgeglichen.
In ganz großen Ausnahmen gibt es partiell auch mal
ein Überschuss an männlichen Tieren, was eigentlich
biologisch unnatürlich erscheint. Denn für die Arterhaltung sind die Weibchen von größerer Wichtigkeit.
Über die Vierzehen Landschildkröte liegen mir leider
keine Kenntnisse oder Analysen zu dem Thema vor.

Bewegungsradius

Der Bewegungsradius der Landschildkröten ist abhängig
von der Jahreszeit, dem Alter und dem Geschlecht. So
kann grundsätzlich gesagt werden, dass in der Regel die
adulten Weibchen den kleinsten Bewegungsradius
haben, danach kommen die Männchen und den größten
Bewegungsradius haben die Jungtiere. Wobei Landschildkröten grundsätzlich sehr ortstreue Tiere sind. Zwischen
vierzig und sechzig Meter ist ein üblicher Aktionsradius
für die adulten Weibchen und Männchen.

Fast dreihundert Meter wurden bei einer Feldstudie
von adulten Tieren auf Korsika, innerhalb fünf Jahren,
untersucht, wobei die Jungtiere hier bis über vierhundert
Meter zurück gelegt haben. Unter den ortstreuen Tieren
gibt es aber auch Ausnahmen, sogenannte Wandervögel.
Diese ganz seltenen Landschildkröten legten in einem
Jahr einen Bewegungsradius von eineinhalb Kilometer
zurück und im Folgejahr sogar drei Kilometer. Die Tiere
sind für den gesunden Genaustausch der Populationen
wichtig, denn dadurch wird langfristig Inzucht verhindert.
Eine weitere Studie belegt in Griechenland, dass nach
einem schweren Waldbrand alle Tiere aus dem Habitat
geflüchtet sind und nach zwei Jahren wieder in ihr
ursprüngliches Habitat zurückkehrten. Für den
Bewegungsradius der Vierzehen Landschildkröte
liegen mir leider keine Kenntnisse oder Analysen vor.
Aber dadurch, dass die Tiere kräftig und agil sind
und ihre Nahrung knapp und weit verstreut ist, gehe
ich davon aus, das ihr Bewegungsradius vermutlich
einiges größer als der Griechischen Landschildkröten ist.

Abwehrverhalten und Feinde
Die Landschildkröten entdecken ihre Feinde an der
Bewegung schon auf zwanzig Meter und riechen sie
noch früher. Wird ein Tier trotzdem überrascht, so
ziehen sie alle Extremitäten und den Kopf zischend ein.
Wird die Landschildkröte hochgehoben, so wackelt das
Tier mit dem Kopf und den Vorderbeinen und entleert
oftmals die ganze Blase, manchmal koten die Tiere auch.
Meine gehaltenen Tiere haben dieses Verhalten nie
gezeigt. Weil sie von klein auf an Menschen gewöhnt
waren und eher auf den Menschen zugingen, in
der Hoffnung, der könnte ein Leckerli dabei haben.

4. Beschaffung

Kaufen

Wer sich entscheidet so ein fantastisches Hobby zu betreiben, für den stellt sich die Frage, wo kann ich solche Tiere erhalten. Meine Empfehlung ist dazu die Tiere vom Züchter aus der Nähe zu kaufen oder die Tiere aus dem nächsten Tierheim zu beschaffen. Wer unbedingt Jungtiere erwerben möchte, für den wird der Züchter der bessere Ansprechpartner sein. Wer wenig Geld hat, etwas Gutes tun möchte und adulte Tiere aufnehmen will, der ist beim Tierheim richtig. Wer den Entwicklungsprozess der Landschildkröte vom Jungtier bis zum Erwachsenenalter miterleben möchte, sollte Jungtiere erwerben. Wird ein höherer Stellenwert auf die Zucht gelegt, der tut gut daran sich adulte und fruchtbare Tiere zu beschaffen. Denn es dauert recht lange bis die Tiere adult werden und zur Zucht geeignet sind. Jungtiere sind zwar grundsätzlich gleich zu Halten wie adulte Tiere, aber reagieren bei Haltungsfehlern empfindlicher und es empfiehlt sich, das Gehege in allen Richtungen gegen Fressfeinde zu sichern. Es gibt auch die Möglichkeit bei einem Zoofachgeschäft die Tiere zu kaufen. Egal wo die Landschildkröten erworben werden, grundsätzlich ist es wichtig beim Kauf zu prüfen, ob der Verkäufer seriös ist und sich auskennt, seine Tiere ordentlich untergebracht sind, gesund und munter wirken, alle erforderlichen Papiere akkurat von ihm geführt sind und entsprechend dem Käufer ausgehändigt werden. Landschildkröten müssen beim Amt angemeldet und registriert werden. Wer sich Schildkröten illegal beschafft, der macht sich strafbar.

Tierheim

Wie schon zuvor geschrieben, wer sich bei dem
Erwerb einer Landschildkröte für das Tierheim
entscheidet, der vollbringt eine gute Tat. Denn
oftmals sind die ehemaligen Besitzer aus Alters-
gründen oder gar wegen eines Todesfalls nicht
mehr in der Lage die Tiere zu pflegen. Ebenso
kommt es öfters vor, dass die Erben eines Hauses
mit der Pflege der Schildkröten beruflich oder privat
überfordert sind. Dann wäre es sehr schön, wenn
die Tiere aus der Notunterkunft des Tierheims wieder
heraus kommen und in einen Haushalt wechseln, der
sich gerne Zeit für Haltung der Landschildkröten nimmt.

5. Haltung

Allgemeine Informationen

Durch die vielen Wanderungen der Menschen
innerhalb Europas nahmen fliegende Händler,
Gaukler, Mönche oder Pilger, schon im frühen
Mittelalter die Griechischen Landschildkröten
aus ihrem natürlichen Habitat mit, um die Tiere
anschließend in ihren eigenen Gärten zu pflegen.
Achtzehnhundertsechzehn befanden sich bereits
die ersten Landschildkröten im Wiener Tierpark
Schönbrunn. Danach folgten alle Tierparks und
Tiergärten in ganz Europa. Die Griechischen
Landschildkröten gewöhnen sich relativ schnell
an ihr neues Habitat im Garten und verlieren
ihre natürliche Scheu in der Obhut der Tierhalter.
Die Tiere kommen sogar ihrem Pfleger entgegen
und fressen das mitgebrachte Futter aus der Hand.

Bei guter Pflege und Tiere aus der gleichen Unterart, am besten aus dem gleichen natürlichen Habitat sind Zuchterfolge schnell und relativ einfach zu erreichen. Auch Kreuzungen der Unterart funktionieren, sogar die Paarung u. Befruchtung der Griechischen Landschildkröten und ihren Unterarten mit der Vierzehen Landschildröte und dessen Unterarten ist durchaus möglich, aber nicht Zielführend. Weil die gemischten Tiere, sogenannte Hybride nicht so robust und gesund sind wie die Zucht der Unterarten untereinander. Die Hybride sterben oft schon nach der ersten Winterruhe. Außerdem passen die Hybride zu keinem der Haupt- und Unterarten im sozialen u. natürlichen Verhalten der rein rassigen Tiere. Das bedeutet zusätzlich Stress für alle Tiere im Gehege und dadurch wird das eine oder andere Tier geschwächt und bleibt, zumindest langfristig, öfters auf der Strecke. Deshalb idealerweise immer mindestens die gleiche Art und Unterart, am besten auch noch aus dem gleichen Habitat halten u. züchten, dann ist das die ideale Zuchtgruppe, in der sich die Tiere wohlfühlen und der Pfleger langfristig viel Freude mit seinen Tieren hat. Ein gutes negatives Beispiel ist für die gemischte Haltung, wenn ein viel zu großes Weibchen von einer anderen Art o. Unterart in einer Gruppe integriert ist, dann werden die Männchen sich immer auf dieses Weibchen fixieren, weil ihr Instinkt ihnen sagt, das bei großen Weibchen viel Nachwuchs generiert wird und die eigene kleine Art der Weibchen nicht beachtet werden und im schlechtesten Fall keine befruchteten Eier legen. Aber die große Landschildkröte wird von den Männchen geradezu durch das Gehege gehetzt und findet keine Ruhe. Durch so eine Zusammenstellung leiden alle Tiere im Gehege und das will keiner. Deshalb dies unbedingt beherzigen.

Vorgaben der Mindestfläche

Das Bundesministerium für Ernährung und Land-
wirtschaft "BMEL" empfiehlt in einem Tierschutz-
gutachten für eine artgerechte Haltung der Griechischen
Landschildkröten eine Mindestfläche von der achtfachen
Panzerlänge mal der vierfachen Panzerlänge als Breite
für die Grundfläche eines Geheges. Für jedes weitere
Tier addiert sich die Fläche. Für ein zwanzig Zentimeter
langes Weibchen würde sich eine mathematische
Mindestgrundfläche von hundertsechzig Zentimeter
auf achtzig Zentimeter ergeben, macht 1,28 m² Fläche.

<table>
<tr><td>Mindestfläche "MF"</td><td>= L x B = (PL x 8) x (PL x 4)
= (0,2 m x 8) x (0,2 x 4)
= <u>1,28 m²</u></td></tr>
</table>

<table>
<tr><td>Für zwei Tiere "MF"</td><td>= "MF" x 2 = <u>2,56 m²</u></td></tr>
</table>

L=Länge, B=Breite, PL=Panzerlänge, MF=Mindestfläche pro Tier

Für meine kleinen Griechischen Landschildkröten
T. h. hercegovinensis, die deutlich kleiner als zwanzig
Zentimeter Panzerlänge haben, hatte ich eine Grundfläche für zwei Männchen und drei Weibchen von
rund vierzig Quadratmeter Fläche im Gehege.
Das hat den Vorteil, die Tiere können sich gut aus
dem Weg gehen und finden relativ viel natürliches
Futter im Gehege u. ich muss nicht so viel sammeln
und den Tieren zu füttern. Für meine Vierzehen Land-
schildkrötengruppe, die aus einem Männchen und drei
Weibchen bestand, war die Fläche etwa gleich groß.
Das gute Motto muss heißen, so groß wie möglich,
umso weniger Stress wie möglich im Gehege zu haben.

Technische Ausrüstung
Freilandhaltung im Garten

Im Freigehege benötigt es sehr wenig technische
Ausrüstung, für die kühle Übergangszeit wäre es
sinnvoll in der Schutzhütte eine elektrische Heizung
über einen Raumtemperaturregler zu integrieren.
Mit der kühlen Übergangszeit ist gemeint, wenn
im kühlen Frühjahr o. vor der Winterruhe im Herbst
die Temperaturen unter zehn Grad sinken, oder gar
mit Frostgefahr in der Nacht zu rechnen ist. Damit
die Schildkröten in der Nacht nicht unterkühlen
oder sogar erfrieren. Falls dies nicht möglich ist,
müssen die Tiere bei kritischen Temperaturen
abends eingesammelt werden, um sie über Nacht
in einen warmen Raum zu überführen, der die
Mindesttemperaturen erfüllt. Dazu reicht z.B. eine
offene Kunststoffbox mit hohen Seitenwänden und
geeignetem Streu als Bodengrund und ein paar
zusammengeknüllten Zeitungspapieren (bitte nur
schwarz-weiß) unter denen sich die Tiere verstecken
können. Das Papier dient lediglich als Wohlfühlfaktor,
weil die Landschildkröten beim Schlafen gerne das
Gefühl haben rundherum geschützt zu sein. Eine
weitere sinnvolle Einrichtung ist eine elektrische
Öffnung der Schutzhütte, um die Landschildkröten
vor Überhitzung zu schützen. Steigt die Temperatur
über dreißig Grad, so ist für Abluft / Umluft zu sorgen.
Falls dies nicht möglich sein sollte, so reicht es auch,
bei zu hohen Temperaturen, z.B. ein Stück Holz
zwischen Dach und Unterbau zu legen, so dass die
Luft über die Eingänge zum Dach zirkulieren kann.
Alternativ wird eine Belüftungsklappe oder ein
Fenster eingebaut, das von Hand geöffnet wird.

Ich habe für meine Schutzhütten immer ein isoliertes Flachdach genommen, das mit einem Edelstahlblech die Tiere vor Regen und Feuchtigkeit schützt und mit Scharnieren zu öffnen ist. Im Sommer war meine morgendliche Aufgabe die Ein- und Ausgänge zu öffnen, die ich nachts immer abgeschlossen halte und bei heißen Tagen ein Distanzstück in Form einer einfachen Holzlatte unter das isolierte Edelstahlflachdach zu schieben. So war sichergestellt, dass genügend Luftzirkulation ermöglicht wurde. Am Abend, wenn alle Tiere wieder in ihre Schutzhütte gewandert sind, dann werden die Ein- und Ausgänge verschlossen und das Distanzstück unter dem Dach entfernt. Dies war mir wichtig, weil bei uns nachts immer Steinmarder und weitere nachtaktive Räuber unterwegs sind. Bei Schlüpflingen oder kleinen Jungtieren ist hier besonders gut darauf zu achten. Wenn der Nachwuchs noch sehr klein ist, empfehle ich eine separate kleine Außenanlage, damit rundum gesichert wird, so dass keine Fressfeinde dieTiere abgreifen können. Außerdem lassen sich die kleinen besser beobachten und gesundheitlich kontrollieren. Die Landschildkrötengehege im Garten müssen natürlich so gesichert sein, dass die Tiere das Gelände nicht verlassen können. Ich habe dazu eine Natursteinmauer gemauert, weil das schön natürlich aussieht und gut funktioniert. Natürlich reicht auch eine einfache Holzumrandung, die sollte aber immer wieder kontrolliert werden, falls Tiere versuchen unter dem Holz hindurch zu buddeln und zu flüchten.

Haltung im Gewächshaus

Bei der Haltung im Gewächshaus gilt prinzipiell das gleiche wie mit der Freilandhaltung. Das Gewächshaus sollte ausreichend groß sein und hier ist ganz besonders auf den Schutz bezüglich der Überhitzung zu achten. Die Außenwände eines Gewächshauses dürfen nicht aus Glas sein, den dort kommt das lebensnotwendige Licht mit der UV-A und UV-B Strahlungen nicht durch. Geeignet sind hier durchsichtige Kunststoffplatten wie z.B. Plexiglas. Es ist immer ideal, wenn die Tiere die Möglichkeit haben natürliches Sonnenlicht zu bekommen. Falls das Gewächshaus kein natürliches Sonnenlicht erhält, so sind entsprechende Wärmelampen zu integrieren, unter denen die Tiere die Möglichkeit haben sich aufzuwärmen und genug UV-A und UV-B Strahlungen bekommen. Auch hier sollten Schlüpflinge oder kleine Jungtiere separat gehalten werden. Ich empfehle für die Gesundheit der wärmebedürftigen Tiere die Freilandhaltung.

Zimmerhaltung im Terrarium

Für die Zimmerhaltung ist neben der ausreichenden Größe des Terrariums, dafür zu sorgen, dass die Tiere weder zu großer Hitze, noch zu tiefen Temperaturen ausgesetzt sind. Natürlich muss die Umrandung auch hier dafür sorgen, dass die Tiere nicht flüchten können. Es müssen Wärmelampen mit UV-A und UV-B Strahlung integriert werden. Die Heizlampen dürfen nur punktuell Wärme abgeben, damit die Schildkröten die Möglichkeit haben, nach genügend Aufnahme der Wärme, sich auch in nicht so heiße Flächen zu bewegen.

So eine Lampe darf nicht zu heiß sein, so dass die Tiere sich darunter verbrennen, muss aber genügend Wärme generieren, dass die Tiere sich gut aufwärmen können. Wird es den Tieren zu warm, so gehen diese von ganz allein in den Randkegel der Lampe oder aus dem Licht. Es muss geeignetes Streu / Untergrund in das Terrarium, das immer wieder regelmäßig erneuert wird. Wenn der Raum in dem das Terrarium steht unbeheizt sein sollte, oder relativ kühl ist, dann müssen zusätzlich im Boden elektrische Heizflächen integriert werden, auf denen sich die Tiere punktuell aufwärmen können. Ich kann so eine Zimmerhaltung für Landschildkröten nicht empfehlen, weil die Tiere sehr sonnenbedürftig sind und im Terrarium das natürliche Klima mit der Sonne über das ganze Jahr simuliert werden muss und dies sehr schwierig ist. Wird das nicht gemacht, so finden die Tiere nicht in ihre Winterruhe und werden langfristig krank und können sogar frühzeitig sterben. Auch hier sollten Schlüpflinge oder kleine Jungtiere separat gehalten werden.

Gruppenhaltung / Einzelhaltung
Je nachdem was man mit den Tieren vor hat. Grundsätzlich können Landschildkröten einzeln gehalten werden, was den Tieren gesundheitlich nicht schadet. Wenn eine Vergesellschaftung mit verschiedenen Arten von Landschildkröten geplant ist, so funktionierte dies grundsätzlich, wenn die Tiere in etwa gleich groß sind und sich untereinander vertragen, was immer wieder beobachtet werden muss. Falls Eier gelegt werden, so sollten diese Hybride nicht ausgebrütet werden, sondern diese Eier sind direkt zu entsorgen.

Wird auf eine natürliche Verteilung der Geschlechter geachtet und es werden nur gleiche Arten und Unterarten, siehe auch "Allgemeine Informationen", vergesellschaftet, dann spricht einer Zucht nichts entgegen. Unter einer natürlichen Verteilung der Geschlechter meine ich, dass immer mehr Weibchen als Männchen in der Anlage sind. Ideal sind mindestens zwei Weibchen, besser drei oder mehr pro männlichem Tier. Dies ist wichtig, weil die Männchen sonst die weiblichen Tiere zu stark stressen und die gesundheitlich darunter leiden. Bei meinen griechischen Landschildkröten *T. h. hercegovinensis* hatte ich keine Idealbesetzung, es klappte aber trotzdem sehr gut, weil die Anlage groß war, die Tiere gut ausweichen konnten und die zwei Männchen nicht übertrieben sexuell aktiv waren. Außerhalb der Paarungszeit waren das zwei ganz friedliche Exemplare und auch in der Paarungszeit belästigten die zwei Männer die Weibchen nicht stark. Selbst untereinander vertrugen sich die zwei Männchen sehr gut, trotz der Rivalität in der Paarungszeit. Da waren meine Vierzehen Landschildkröten deutlich aktiver und ich war froh, dass ich drei große Weibchen hatte und nur ein Männchen, denn der war ein ganz schöner Rabauke und ein hartnäckiger Verfolger bei den Weibchen. Der kleine Racker lief abwechselnd jeder hinterher und versuchte sich zu paaren. Aber auch nur in der Paarungszeit, danach war es auch hier im Gehege harmonisch. Bei der Zimmerhaltung, im Terrarium, sollte am besten nur ein Männchen auf drei Weibchen oder mehr, weil die Anlagen in der Regel sehr klein sind und die Tiere nur sehr schlecht ausweichen können. Wie schon gesagt, Schlüpflinge oder kleine Jungtiere separat halten.

Freilandhaltung im Garten

Der ideale Standort für eine Freilandhaltung der Landschildkröten im Garten ist eine Südseite, auf der den
ganzen Tag die Sonne hinein scheint und keine Zugluft
herrscht. Der Untergrund im Gehege sollte fest und die
meiste Zeit trocken sein. Es darf kein Autoverkehr oder
öffentlicher Publikumsverkehr vor oder um das Gehege
stattfinden, denn die Tiere brauchen Ruhe und saubere
Luft. Wir wohnen schließlich auch nicht gerne direkt an
der Autobahn. Die Umrandung muss so gestaltet sein,
dass ein Ausbrechen oder gar verletzen der Tiere
ausgeschlossen werden kann. Eine natürlich wirkende
Mauer ist da z.B. eine schöne und optisch interessante
Lösung. Ich habe dazu ein kleines umlaufendes
Fundament geschalt, das aber nur fünf Zentimeter in
und über den Boden ragt. In den noch feuchten Beton
habe ich flache und hohe Natursteine hinein gestellt.
Die Steine sind unterschiedlich groß und zwischen
den Steinen ist immer wieder eine natürliche Lücke,
aber stets nur so groß, das keine Schildkröte durch
passt. Das wirkt sehr natürlich und Schnecken oder
anderes Kleingetier kann problemlos in das Gehege.
Das ist wichtig, denn so kommen die Futtertiere, die
immer gern von meinen Landschildkröten gefressen
werden, bequem hinein. Natürlich kann auch eine Umrandung aus Holz, Beton, Mauersteinen, oder sonst ein
Material gewählt werden, es sollte aber immer ausbruch-
sicher sein. Meine Umrandung ist etwas höher als drei
Körperlängen der adulten Tiere und mir ist nie ein Tier
ausgebüchst. Für adulte Tiere im Gehege wird keine
Absicherung, z.B. in Form eines Hasendrahtes, noch
über dem Gehege benötigt, weil es in unserer Gegend
keine Fressfeinde für die Landschildkröten gibt.

In unserer kleinen Sackgasse gibt es viele Katzen, die sich den ganzen auf den Grundstücken aufhalten, ich habe noch nie gesehen, dass sich eine der Katzen für meine Landschildkröten interessiert, weil die zu groß sind, kein Fluchtverhalten zeigen und grundsätzlich nicht in das Beuteschema einer Katze passen. Raubvögel, Reiher, Störche o. andere Beutegreifer zeigten ebenfalls nie Interesse. Bei Hunden ist evtl. Vorsicht geboten, aber die laufen bei uns in der Straße nie ohne Besitzer herum. Am Abend, nachdem alle Landschildkröten von alleine in ihre Schutzhütte gelaufen sind u. die Sonne unter ging, habe ich zur Vorsicht immer die Schutzhütten abgesperrt, weil bei uns jeden Abend ein Steinmarder vorbei läuft und ab und zu auch mal eine Wanderratte nach fressbarem sucht, weil ich direkt am Feldrand wohne. Das Gehege in dem die Tiere leben sollte möglichst groß sein, viele unterschiedliche und natürliche Bodenbeläge besitzen, so wie Möglichkeiten zum Verstecken bereit halten. Unterschiedliche Grünpflanzen in Form von Büschen und Kräutern, so wie mit Futterpflanzen bepflanzt sein. Es dürfen auch ein paar Hügel, Wurzeln und Felsen im Gehege liegen, das sieht schön aus und wirkt sehr natürlich. Selbstverständlich muss genügend freie Fläche zur Verfügung stehen, damit die Landschildkröten die Möglichkeit haben, sich von morgens bis abends zu sonnen. Schattenplätze sind ebenso wichtig, damit die Tiere in den Schatten gehen können, wenn es mal zu heiß wird. Dies ist oft der Fall in der Mittagssonne an Hochsommertagen. Was ebenso wichtig ist, dass den Tieren immer frisches und sauberes Wasser zur Verfügung steht. Dieses Gefäß sollte leicht erreichbar sein und nicht zu tief, so dass die Tiere darin nicht ertrinken können oder gefangen werden.

Dazu habe ich eine im Durchmesser von dreißig Zentimeter lasierte Tonunterschale für Blumentöpfe genutzt. Diese bis auf ein paar Millimeter in den Boden versenkt, so dass die Tiere sie bequem erreichen und nicht wegschieben oder umwerfen können. Es dauerte nicht lange, dann wurde diese Tonschale auch zum Lieblingsbadeort der Vögel in unsere kleinen Sackgasse. Deshalb ist es wichtig täglich das Wasser zu wechseln und die Schale zu reinigen. Für die Eiablage ist ein besonders warmer Platz zu wählen. Ich habe dazu eine eineinhalb Meter lange und sechzig Zentimeter breite Sandfläche mit einer Tiefe von fünfundzwanzig Zentimeter bereit gestellt. Das Ganze mit Granitsteinen umschlossen, so dass sich die Erde nicht mit dem Sand vermischt. Meine Schildkröten hatten in jedem Gehege so einen Eiablageplatz und haben immer gern ihre Eier dort hinein gelegt. Ich war froh darüber, denn im Sand sind die Eier später problemlos heraus zu graben. Allerdings sollte man wissen wo die Tiere ihre Eier abgelegt haben. Mir ist es auch schon das eine oder andere Mal entgangen, so habe ich in dem Zeitfenster der Eiablage täglich den Sand vorsichtig mit den Fingern durchstreift, so erkennt man schnell die Eier darin und kann sie ausgraben und in den Inkubator überführen. Im Sand oder auch im Gehege sollten auch kleine runde Steine liegen, diese werden gerne von den Landschildkröten aufgenommen und dienen als natürliches Mineral für die Tiere. Wenn Futter zusätzlich in das Gehege gelegt wird, bietet sich ein flacher Stein an, auf dem dieses serviert wird. Dies hat den Vorteil, dass der Stein leicht zu säubern ist und sich kein Unrat sammelt.

Wichtig ist eine abschließbare Schutzhütte zu haben. Meine Schutzhütte habe ich selber gebaut, was auch für ungeübte Handwerker kein Problem sein sollte. Dafür habe ich eine Holzkonstruktion gewählt und unter dem Holzboden der Hütte eine dicke Platte Styrodur befestigt, darunter wiederum runde Kieselsteine als natürliche Drainage gelegt, so dass sich kein Wasser unter dem Styrodur, bzw. Holz ansammeln kann. Denn sonst macht das Holz nicht lange mit und fault durch. Die Innenwände waren ungefähr dreißig Zentimeter hoch und die Grundfläche der Schutzhütte betrug eineinhalb Meter auf sechzig Zentimeter. Unter dem klappbaren Holzdeckel der nach oben mit einer Edelstahlplatte belegt war u. nach innen mit Styrodurplatten, die ich herausnehmen konnte, je nach Bedarf der Isolation. In der Hütte installierte ich ein Thermostat das nachts und in der kühlen Übergangszeit elektrische Heizkörper einschalten konnte und selbstständig regelte. Wie schon mitgeteilt, ist das Luxus und nicht unbedingt nötig, erspart aber das viele hin und hertragen bei ungünstigem Wetter. Wichtig ist, das der Ausgang nie versehentlich zugehen kann u. die Tiere sich einsperren. Zudem sollte der Ausgang immer möglichst groß sein, so dass mindestens drei Tiere bequem aneinander vorbei laufen können und die Tiere übereinander krabbeln können. Das verhindert, das ein oder zwei Tiere den Ausgang versperren und ein drittes den Hitzetod in der Schutzhütte erliegt, weil das Tier nicht raus kann. Ich hatte meine Holzhütte mit biologischer Lasur außen lasiert, aber innen immer alles unbehandelt belassen und darauf geachtet, dass kein Tier an den Regler oder irgendwelche elektrische Leitungen gelangt.

Meine Schutzhütte hatte auf einer Seite den großen Ausgang der nachts verschlossen wurde und tagsüber mit einem selbstgebastelten Vorhang aus geschlitzter Teichfolie die Landschildkröten vor lästigen Fliegen schützte. Am anderen Ende der Schutzhütte war auch so ein verschließbarer Durchgang mit Fliegenschutz der in ein offenes Plexiglasgewächshaus führte. Das Gewächshaus war ungefähr ein Meter auf ein Meter und dreißig Zentimeter und etwas höher als die Schutzhütte aus Holz. Die Plexiglasschutzhütte besaß auch einen weiteren verschließbaren Ausgang zum Gehege. Diese Kombination hatte den Vorteil, das die Tiere von der Holzschutzhütte direkt in das Plexiglasgewächshaus gehen können, dort sich schnell aufwärmen, oder bei schlechtem Wetter einen trockenen, warmen Platz haben, der sie mit dem natürlichen Sonnenlicht durch das Plexiglas wärmt und mit UV-A und UV-B Strahlen versorgt. Die Tiere durchschauten das sehr schnell, so gingen sie bei schönem Wetter aus der Holzhütte in die Sonne hinaus und bei schlechtem Wetter nutzen sie den Aufenthalt und ggf. den Ausgang aus dem Gewächshaus. Das ist natürlich Luxus, aber umso besser die Versorgung mit Licht und Wärme, desto besser entwickeln sich die Tiere und bleiben gesund und vital. Beide Schutzhütten habe ich so platziert, das der Deckel der Holzhütte und des Gewächshauses sich vom sauberen Fußweg bequem bedienen ließen, so wie auch alle Türen der Schutzhütten. Ich habe immer geschaut, das möglichst viel Löwenzahn, Spitzwegerich, Klee und weitere Futterpflanzen im Gehege wuchsen, das erspart an manchen Tagen die Zugabe von Futter.

Ein wichtiges Werkzeug war meine kleine gewinkelte Miniaturmaurerkelle, mit der ich immer den Kot aus dem Gehege entfernte, ohne dabei dreckige Finger zu bekommen. Das waren nun ein paar Tipps und Empfehlungen zum Thema Freilandhaltung im Garten für größere Jungtiere und adulte Tiere. Für die Schlüpflinge u. die kleinen Jungtiere sollte ein separates kleines Außengehege angelegt werden, das im Prinzip die gleichen Anforderungen hat wie bei den adulten Tieren, nur darf alles viel kleiner sein und das Gehege sollte nach Unten und oben zusätzlich gesichert sein. Ich habe dazu eine einfache Holzkonstruktion mit vier Brettern gewählt, unten herum mit einer genoppten Drainagefolie zum Boden gesichert. Die Folie mit kleinen Löchern versehen und an den Holzbrettern verschraubt. So dass bei Regen das Wasser ablaufen kann, aber keine Mäuse oder Ratten hinein kommen. Über der genoppten Drainagefolie, also im Innenraum pflanzte ich auf rund fünf Zentimeter Erdboden Futterpflanzen und Gras. Gestaltete den Innenraum interessant und vielseitig, so dass die kleinen Tiere Abwechslung haben und beschäftigt sind. In die Holzbretter seitlich unten auch ein paar kleine Löcher bohren, damit bei Sturzregen das Wasser schnell abfließen kann und keine Tiere ertrinken können. Wie gesagt, alles wie bei den großen Tieren, nur eben kleiner. Das kleine Gehege muss nach oben mit einem schließbaren Hasendraht gesichert werden. So wird verhindert, dass Fressfeinde die kleinen Minischildkröten als Futter vertilgen. Bei sehr schlechtem Wetter habe ich die kleinen immer in mein Zimmerterrarium, in meinem Haus gesetzt und die entsprechenden Wärmelampen eingeschalten.

Die Schlüpflinge hielt ich die ersten Wochen in
kleinen Plastikboxen auf farblosem Zeitungspapier.
Natürlich mit entsprechenden Lampen, Wasser und
klein geschnittenem Futter. Stellte die Tiere bei jeder
Gelegenheit in den Garten oder auf die Terrasse,
es muss aber immer genug Schatten vorhanden
sein, weil die kleinen Tiere schnell überhitzen.
Auch hier sollte ein Hasengitter über die Box, denn
Elstern, Rabenvögel, usw. finden schnell die Beute.
Wenn der Dottersack der kleinen Schildkröten
eingezogen ist, die Nabelschnur vertrocknet und
abgefallen ist, dann kommen die Minischildkröten
frühestens in das kleine Außengehege.

Haltung im Gewächshaus

Dies ist mit einem großen und guten Gewächshaus,
in dem die Sonne hinein scheint und die UV-A und
UV-B Strahlung durchlässt eine weitere Option, aber
nur die zweitbeste. Letztendlich ist sinngemäß alles
gleich zu betrachten, wie in der Freilandhaltung im
Garten. Natürlich benötigt man keine doppelte
Umrandung, die bringt das Gewächshaus mit. In
einem reinen Gewächshaus ist besonders darauf zu
achten, dass die Tiere nicht überhitzen, denn ein
Gewächshaus heizt sich sehr schnell und heiß auf
und deshalb sollte das Belüftungsfenster über ein
elektrisches Thermostat geregelt / gesteuert werden.
Optional ist eine Überwachung der Temperatur und
eine Regelung von Hand über das Belüftungsfenster
möglich. Ergänzend ist eine gute Kombination die
Mischung aus Gewächshaus und Freilandhaltung
im Garten. Bitte die Punkte der "Technischen
Ausrüstung-Haltung im Gewächshaus " beachten.

Zimmerhaltung im Terrarium

Wie schon im Teil der "Technischen Ausrüstung - Zimmerhaltung im Terrarium" beschrieben, ist dies die schlechteste Variante für die Haltung der Landschildkröten. Unter der Bedingung, dass die Anlage deutlich größer als die Mindestfläche ist, die Technik eingehalten wird und die Besatzung des Terrariums gut gewählt wurde, so wie die Inneneinrichtung abwechslungsreich und interessant gestaltet, mit vielen Versteckmöglichkeiten, ist so eine Haltung zwar immer noch nicht ideal, aber machbar. Sinngemäß ist alles gleich zu betrachten, wie in der "Freilandhaltung im Garten". Natürlich ist das Substrat im Terrarium regelmäßig zu wechseln und auf die Hygiene, auf so kleinem Raum, besonders zu achten. Bitte die Punkte der "Technische Ausrüstung - Zimmerhaltung im Terrarium" beachten.

Gruppenzusammenstellung

Auch hier gilt wieder, je nach dem was der Pfleger mit der Haltung der Tiere bezweckt, sollte die Zusammenstellung erfolgen. Siehe hierzu auch unter dem Punkt "Gruppenhaltung / Einzelhaltung". Bei den zwei Arten der Griechischen Landschildkröte und der Vierzehen Landschildkröte sollte möglichst versucht werden die Tiere zu züchten, weil damit ein wertvoller Beitrag zur Arterhaltung beigetragen wird. Für diesen Fall die Tiere ungefähr gleich groß wählen und auf ein Männchen mindestens zwei Weibchen, idealerweise drei oder mehr weibliche Tiere verteilen. Nur die gleiche Art und Unterart, idealerweise sogar Tiere aus dem gleichen Habitat zusammenstellen.

6. Überwinterung

Vorbereitung zur Winterruhe

Bevor die Landschildkröten in die Winterruhe gebracht
werden, sind ein paar wenige Vorbereitungen durch-
zuführen. Wenn das Wetter Ende September / Anfang
Oktober kühl wird und die Landschildkröten das Fressen
reduzieren oder gar einstellen, dann wird es Zeit die
Tiere für die Winterruhe vorzubereiten. Dazu werden
die Tiere, in eine Kunststoffwanne in der die Landschildkröten den ganzen Sommer über immer wieder mal
gebadet und mit einer weichen Bürste gereinigt werden,
für gute zwanzig Minuten in das warme Wasser gesetzt.
Der Körper der Tiere sollte über die Hälfte mit dem
warmen Wasser bedeckt sein, so dass sie bequem noch
Luft holen können. Meine Landschildkröten habe ich,
pro Zuchtgruppe gemeinsam in einem großen Kunst-
stoffkübel gebadet. Da ich das über das ganze Jahr
immer wieder, so alle zwei bis drei Wochen durchführe,
ist das für die Tiere nichts Neues und sie genießen das
warme Wasser und bleiben oftmals auch mit dem Kopf
länger unter Wasser. Die Landschildkröten setzen hier
mit Sicherheit nochmals Kot ab und sollten nach dem
Badespaß mit ein wenig frischem Wasser abgespült
und anschließend mit einem Tuch getrocknet werden.
Dies bitte bei möglichst hohen Außentemperaturen
durchführen und anschließend in die wärmende Sonne
setzen. Die Tiere können, wenn es das Wetter zulässt
noch eine gute Woche in der Außenanlage bleiben.
Allerdings sollte nichts mehr gefüttert werden.
Danach die gleiche Badeprozedur nochmal durchführen und anschließend die Landschildkröten in
einer Kunststoffwanne in die Wohnung stellen.

Überwinterungskisten geschlossen / offen

Eiablage der Griechischen Landschildkröte am Eiablageplatz

Eier   Eier im offenen Inkubator   Inkubator

Schlupf und Entwicklung der Vierzehen Landschildkröte

Pro Zuchtgruppe nahm ich immer eine Kunststoffwanne, deren Boden drei bis vier Zentimeter mit
Hobelspäne gefüllt war und ein paar zusammengeknüllte farblose Papierknäuel zusätzlich darin
lagen. In den Hobelspänen sollte möglichst kein
feines oder staubiges Material enthalten sein,
weil das für die Atemwege der Tiere zu trocken
ist. Dann belasse ich die Landschildkröten, mit
offenem Deckel in der Wohnstube an einem hellen
warmen Platz. Die Griechischen Landschildkröten
blieben meist sehr ruhig darin sitzen und bewegten
sich wenig, dagegen die kraftvollen Vierzehen
Landschildkröten waren aktiv und es klapperte
immer wieder mal in der Kunststoffwanne.
Nach einer Woche ohne Nahrung in der Kunststoffwanne bekommen die Tiere nochmals ihren Badespaß mit etwas Salz im Wasser und dann sollte sehr
wenig bis kein Kot mehr abgesetzt werden. Dann
bleiben die Tiere ein paar Tage wieder in der Kunststoffwanne und werden in ihre Überwinterungs-
behältnisse gebracht. Wichtig ist davor zu prüfen,
das die Tiere fit sind und körperlich gut aussehen.
Vor der Überwinterung ist sicherzustellen, dass der
Magen- Darmtrakt der Landschildkröten absolut
leer ist, denn sollte dort noch Kot drin sein, dann
kann dies in den Tieren während der Winterruhe
anfangen zu faulen und die Schildkröten verenden.
Falls sich jemand unsicher ist, lieber nochmals eine
Runde Badespaß im warmen Wasser mit Salz und
dann sollten auf jeden Fall die Innereien leer sein.

Mit jungen Landschildkröten wird genauso verfahren, sie sollten aber rund vier bis sechs Wochen später in die Vorbereitung zur Winterruhe, weil die kleinen Landschildkröten die lange Winterruhe noch nicht so gut vertragen. Bei schlechtem Wetter sollten die Tiere in der Wohnung in einem Terrarium übergangsweise gehalten werden. Dazu die Haltung im Terrarium bezüglich Wärme, Futter und Wasser beachten. Die jungen Landschildkröten immer in einer separaten Kunststoffwanne für die Winterruhe vorbereiten, auf keinen Fall mit den adulten Tieren vergesellschaften. Weil die großen, schweren adulten Tiere gefährlich für die jungen Schildkröten werden können und es zu Unfällen kommen kann.

Schlüpflinge, vor allem die aus der zweiten Brut sind noch später in die Winterruhe vorzubereiten als die jungen Schildkröten. Der prinzipielle Vorgang ist der gleiche wie bei den adulten Tieren, bzw. den jungen Landschildkröten. Für die erste Überwinterung der Schlüpflinge sollten zwei bis drei Monate Winterruhe ausreichen. Die Schlüpflinge dürfen zwar, wie die jungen Landschildkröten, zusammen vorbereitet und in die Winterruhe gebracht werden, aber auf keinen mit den größeren Schildkröten oder gar adulten Tieren vergesellschaftet werden.

Überwinterungsmethoden

Es gibt verschiedene Möglichkeiten für die Überwinterung von Landschildkröten. Ich möchte hier ein fünf Methoden aufführen, auch welche, die ich nie praktiziert habe, aber in den Fachbüchern erwähnt werden.

Erste Methode, die Tiere bleiben in ihrem natürlichen Habitat (Garten, Gewächshaus, usw.) und es wird keine Vorbereitung für die Winterruhe getroffen. Die Landschildkröten suchen in ihrem Gehege einen geeigneten Platz für die Überwinterung selber und graben sich mit zunehmend niedrigeren Temperaturen von ganz alleine immer tiefer in die Erde. Dazu sollte die Erde locker sein, um ein eingraben zu ermöglichen. Ich habe keine Erfahrung zu dieser Methode und kann dies nicht bewerten. Für mich kam das nie infrage, weil die Winter in Deutschland aus meiner Sicht viel zu lang und zu kalt sind und Beutegreifer, wie Ratten und Mäuse sich zu den wehrlosen Schildkröten graben können und diese über den Winter fressen.

Zweite Methode, die Landschildkröten bleiben ebenfalls in ihrem natürlichen Habitat, bis es kalt wird. Es wird keine Vorbereitung für die Winterruhe getroffen. Im Habitat (Garten, Gewächshaus, usw.) wird ein großer Schacht, z.B. aus Beton, gemauert, Kunststofffass, usw., in den Boden gegraben, der rund dreißig Zentimeter aus dem Erdreich ragt u. mindestens ein Meter zwanzig im Erdboden versenkt ist. Je mehr Tiere, desto größer der Schacht im Durchmesser, oder mehrere dieser Schächte graben. Der Boden ist ebenfalls geschlossen, z.B. betoniert oder aus einem Kunststofffass, usw.. Wichtig ist, dass in dem Boden Löcher drin sein müssen, damit Regenwasser ablaufen kann, aber keine Mäuse hinein kommen. Der Schacht wird innen mit lockerer Erde gefüllt, so dass ein umlaufender Rand von dreißig Zentimeter stehen bleibt. Bevor es richtig kalt wird, werden die Landschildkröten hinein gesetzt und der Schacht mit einem Hasendraht nach oben gesichert.

So können sich die Landschildkröten ebenfalls selbstständig eingraben und überwintern. Der Vorteil hier ist der, dass Fressfeinde nicht mehr an die Schildkröten gelangen können. Das Prinzip ist ansonsten das gleiche wie in der "Ersten Methode". Habe ich nicht angewandt und erlaube mir deshalb keine Bewertung.

Dritte Methode, die Landschildkröten werden so vorbereitet wie oben, unter "Vorbereitung zur Winterruhe", erläutert. Danach werden die Tiere in einen kühlen Raum, z.B. einen Keller mit Temperaturen zwischen maximal acht Grad und minimal zwei Grad, in ihrer vorbereiteten Überwinterungskiste gestellt. Es sollte dort möglichst dunkel und ruhig sein. Die Überwinterungskisten mit ihren Hobelspänen und viel zusammen geknüllten farblosen Papierknäuel, so wie zuvor beschrieben, füllen. Aber darauf achten, dass genügend Luftaustausch stattfinden kann und die Landschildkröten nicht aus der Kiste klettern können. Falls es zu hell im Keller ist, sollte abgedunkelt werden. Idealtemperaturen liegen um die vier Grad. Es darf auf keinen Fall gefrieren und nicht längerfristig wärmer werden, weil sonst die Tiere gesundheitlich Schäden nehmen. Die Langzeitschäden bei Landschildkröten durch zu hohe Überwinterungstemperaturen will ich hier nicht erläutern, weil dies zu kompliziert ist. Diese Methode habe ich viele Jahre angewandt, weil ich die Möglichkeit hatte, die Schildkröten in einem alten Gewölbekeller abzustellen, der alle Anforderungen erfüllte. Dies klappte fast zehn Jahre lang sehr gut und deshalb kann ich diese Methode empfehlen.

Vierte Methode, die Landschildkröten werden so vorbereitet wie oben, unter "Vorbereitung zur Winterruhe", erläutert. Danach werden die Tiere gleicher Art und ungefähr gleicher Größe in Kunststoffboxen gesetzt. Die Behältnisse sollten zuvor nur mit ein paar Lagen farblosen Papier und ein wenig losen Papierknäuel ausstaffiert sein. Dann werden die Kunststoffboxen in einen separaten Kühlschrank gestellt, dessen Temperatur, wie zuvor beschrieben, eingestellt wird. Der Kühlschrank sollte schon vor dem einbringen der Tiere einen Tag laufen, dann stimmt die Temperatur einigermaßen und der Motor läuft nicht so viel, um die Tiere zu stören. Es ist sehr wichtig, dass der Kühlschrank regelmäßig geöffnet und kurzzeitig frische Luft hinein gewedelt wird, damit die Landschildkröten im dichten Kühlschrank nicht ersticken können. Diese Methode funktioniert prima u. wurde von mir jahrzehntelang angewandt. Optional kann, statt dem Belüften, oben u. unten ein kurzes Rohr, z.B. aus Kunststoff oder Metall zwischen den Dichtflächen der Kühlschranktür geklemmt werden, dann erfolgt eine automatische Frischluftversorgung der Insassen. Falls ihr nicht so viele Tiere habt und die Mutti einverstanden ist, können die Landschildkröten auch in den normalen Haushaltskühlschrank. Es sollte aber nicht ständig die Tür geöffnet werden. In der Zeit der Winterruhe habe ich, immer das Licht durch einen Tesafilm am Endschalter des Kühlschranks ausgeschaltet. So werden die Tiere nicht ständig davon gestört und können in Ruhe ihren Winterruhe durchführen.

Fünfte Methode, ist gleich wie die vierte Methode, nur die Landschildkröten überwintern in einzelnen kleinen Kunststoffboxen mit gelochtem Deckel.

Es gibt sicherlich noch viel mehr Methoden bezüglich der Überwinterung von Landschildkröten, aber ich meine die wichtigsten erklärt zu haben und vor allem ihre Funktion und Wirkungsweise, so wie die Fehlervermeidung. Gesunde, kräftige adulte Tiere können problemlos vier bis max. fünf Monate überwintern.

Überwinterung von Schlüpflingen und Jungtieren
Wie weiter oben schon geschrieben sollten gesunde Schlüpflinge im ersten Winter nicht länger als zwei bis maximal drei Monate Winterruhe durchführen. Umso älter eine Landschildkröten wird, desto länger kann sie in die Winterruhe, bis eben zu der maximalen Überwinterungszeit von adulten Tieren. Die Jungtiere liegen je nach Statur, Alter und Gewicht dazwischen.

Nach der Winterruhe
Nach der Winterruhe müssen die Tiere wieder langsam in den Sommermodus gebracht werden. Dazu nehme ich die Landschildkröten aus dem Überwinterungsquartier, wie z.B. Keller, Kühlschrank, usw. und setzte die Tiere, je nach Zuchtgruppe vorsichtig in die vorbereiteten Kunststoffwannen, deren Boden drei bis vier Zentimeter mit Hobelspäne gefüllt sind und ein paar zusammengeknüllte farblose Papierknäuel enthalten. Beim Umsetzen der Landschildkröten schaue ich mir die kalten Tiere an und prüfe kurz ob alles o.k. ist.

Da achte ich auf Verletzungen, den körperlichen
Zustand, trockene Nasenlöcher, klare Augen,
falls die Tiere schon die Augen öffnen. Nach
der Kontrolle werden die Landschildkröten in
ihren Kunststoffwannen in das warme Wohn-
zimmer gestellt, quasi der gleiche Vorgang wie
zur Vorbereitung der Winterruhe, nur umgekehrt.
Hier kann ich berichten, dass die Griechischen
Landschildkröten noch relativ träge u. teilnahmslos
sind, aber die Vierzehen Landschildkröten meisten
sofort hellwach und nur ganz kurze Zeit benötigen,
bis die Powerpakete wieder voll da sind. Dies liegt
aber an ihrem ursprünglichen Habitat und dem
sehr kurzen Sommer dort. Da darf keine Zeit
verschwendet werden und jede Stunde muss zur
Futteraufnahme in der kurzen Sommerzeit genutzt
werden. Ganz anders bei den Griechischen Landschildkröten, die haben sehr lange Sommer und
können sich daher den Luxus des gemütlichen
aufwachen leisten, um wieder auf Touren zu
kommen. Nach zwei bis drei Tagen werden die
Tiere wieder im warmen Wasser mit etwas Salz
gebadet und anschließend abgetrocknet und in ihre
Behälter gesetzt. Am nächsten Tag geht es für die Tiere
wieder in den Garten in ihr Gehege. Dort serviere ich
leckeres und ganz frisches Futter und schaue wie der
Appetit ist. Gesunde Vierzehen Landschildkröten
gehen meistens sofort ans Futter, aus schon genannten
Gründen. Bei den Griechischen Landschildkröten ist das
ganz unterschiedlich, aber meistens warten die noch ein
bis zwei Tage. In dieser Zeit sind die Tiere besonders zu
beobachten, um zu sehen das die Winterruhe gut und
gesund überstanden wurde.

Wichtig ist für eine gesunde Zuchtgruppe, dass die adulten Männchen gute ein bis zwei Wochen vor den Weibchen aus der Winterruhe geholt werden und somit einen zeitlichen Vorsprung haben. Dies wird gerne so durchgeführt, damit die Männchen sich in Ruhe stärken und festigen können, bevor die adulten Weibchen in das Gehege gesetzt werden. Wird das nicht so durchgeführt und alle Tiere werden gleichzeitig aus der Winterruhe geholt, dann besteht das Risiko, dass die adulten Männchen nicht mit dem Fressen anfangen, sondern sich, noch geschwächt aus der Winterruhe, nur noch für die adulten Weibchen interessieren. Das schwächt die Männchen.

Bei Schlüpflingen oder Jungtieren werden alle Geschlechter gleichzeitig aus der Winterruhe geholt und der Prozess ist grundsätzlich der gleiche wie bei den adulten Landschildkröten.

Falls die Tiere nicht im Keller oder Kühlschrank überwintern, ist trotzdem immer der gesundheitliche Zustand der Landschildkröten nach der Winterruhe zu prüfen. Bei der "Zweiten Methode" muss rechtzeitig der Hasendraht vom Schacht entfernt und die Tiere wieder in ihr Gehege im Garten überführt werden.

Winterruhe vermeiden
Eine Winterruhe ist zwingend erforderlich um die Gesundheit der Tiere zu erhalten, beim weglassen der Winterruhe werden langfristig gesundheitliche Schäden wie Magersucht, Nierenleiden, Ernährungsprobleme, natürl. Verhalten u. Fortpflanzungsprobleme auftreten.

Weil die Tiere in ihrem natürlichen Habitat immer
eine Winterruhe abhalten, sonst würden die Schildkröten nicht überleben. Wenn beispielsweise die
Temperatur im Terrarium auch im Winter auf dem
Sommermodus bleibt, dann fehlt den Tieren der
natürlichen Rhythmus und die biologische innere
Uhr fängt an zu spinnen. Falls Tiere sehr schwach
oder gar krank sind, so ist selbstverständlich erst
die Gesundheit wieder herzustellen und die Tiere
etwas später in die Winterruhe zu bringen.

7. Ernährung

Gute Ernährung

Was ist eine gute Ernährung ?
Aus meiner Sicht ist eine natürliche, biologische,
gesunde und abwechslungsreiche Ernährung die
richtige Grundsatzeinstellung. Dazu ist es wichtig
zu wissen, was denn die Tiere in ihrem natürlichen
Habitat zu Fressen finden und so sollte meiner
Meinung nach eine gute Ernährung aussehen.
Selbstverständlich finden wir bei uns nicht die
gleichen Kräuter und Futterpflanzen, wie zum
Beispiel in Afghanistan für die Vierzehen Landschildkröte. Aber es gibt gute Ersatzpflanzen,
die wir in Deutschland füttern können und vom
grundsätzlichen Aufbau den Futterpflanzen aus
dem ursprünglichen Habitat sehr ähnlich sind.
Vor allem sollten alle Wildpflanzen und Wildkräuter die wir für die Tieren sammeln aus nicht
gedüngten oder gar gespritzten Feldern oder
Wiesen stammen.

Die hier im Buch genannten Landschildkröten
stammen überwiegend aus Regionen in denen
es karge kalorienarme aber abwechslungsreiche
Pflanzen gibt, die überwiegend auf natürlichen
Wiesen wachsen und darauf ist ihr Verdauungssystem eingestellt. Die Tiere finden auch in der
Natur z.B. mal eine Feige, eine Wildkirsche oder
weiteres wildes Obst auf dem Boden, das von
ihnen gerne angenommen wird. Im natürlichen
Biotop der Tiere gibt es Pilze, Schnecken oder
Würmer die im oder auf dem Futter sind und
mit gefressen werden.

Der Hauptbestandteil des Futters sollte proteinarm,
ballaststoffreich und mit einem hohen Anteil an
Mineralstoffen und Vitaminen sein, so wie größere
Mengen Kalzium enthalten. In unseren Breitengraden
finden wir den Hauptanteil der Grundnahrung an Wildpflanzen und Wildkräuter auf den natürlichen Wiesen,
Streuobstwiesen, usw.. Glücklicher Weise fressen die
Tiere nur was genießbar ist, deshalb braucht man keine
Angst zu haben, mal etwas giftiges oder ungeeignetes
zu füttern, wenn man beherzt in die wilde Wiese greift
und ein paar Hände voll frisches Futter sammelt. Ich
habe die Erfahrung gemacht, dass die Pflanzen und
Blüten mit Stängel, z.B. des Löwenzahns, Spitzwegerich,
Breitwegerich, Mittlerer Wegerich, knolliger Hahnen-
fuß, Berg Hahnenfuß, Kriechender Hahnenfuß, Weißer
Mauerpfeffer, Weiße Fetthenne, Felsen Mauerpfeffer,
Hasen Klee, Feld Klee, Schweden Klee, Rot-Klee, Weiß-
Klee, Große Brennnessel, Kleine Brennnessel, Acker-
Stief-mütterchen, Wildes Stiefmütterchen, Acker-
veilchen gerne gefressen wurden.

Aber der absolute Liebling war bei meinen Tieren immer der Löwenzahn und dessen gelbe Blüten mit Stängel, dafür haben sie alles andere liegen gelassen. Wichtig ist dann, nicht nur das Lieblingsfutter zu geben, sondern möglichst weit gestreut füttern.

Meine Landschildkröten fraßen auch immer wieder mal gern ein frisches Blatt von verschiedenen Bäumen, die sie im Gehege erreichten oder vom Wind hinein geblasen wurde. Ganz wild waren die Schildkröten auf die kleinen runden Schnecken mit Gehäuse, die komplett in ihr Maul passten. Ab und zu gab ich meinen Tieren auch mal ein ganz reifes Stück Birne, Apfel, Banane, Pflaume, Zwetschke, Aprikose, Erdbeere, Pfirsich o. Feige, meistens aus eigenem Anbau aus meinem eigenen Garten. Über das Grünfutter streute ich regelmäßig (zweimal die Woche) etwas Kalzium in Form von zerriebenen Sepiaschalen und kleinen Stücken. Die Sepiaschalen brachte ich immer von meinen vielen Urlauben am Meer mit. Wenn man mit einem Teelöffel kräftig über die getrocknete weiche Seite der Sepiaschal streift, gewinnt man ein tolles und natürliches Kalziumpulver, das besonders für die Schlüpflinge und Jungtiere geeignet ist. Es lässt sich prima in kleinen Dosen mit Schraubdeckel bevorraten, muss aber richtig trocken sein. Die ideale Beschäftigung für Landschildkrötenpfleger in den langen Wintermonaten. Von unseren gekochten Frühstückseiern entfernten wir die harte Kalziumschale, so wie die dünne Eihaut auf der Innenseite, trockneten und zerstampften die Schalen zu kleinen Körnern und sammelten diese ebenfalls für die Zeit der Landschildkröten im Gehege.

Ich probierte allerlei an Futter bei meinen Tieren aus,
so stellte ich fest, dass sie sehr gerne Champignon,
Ackersalat, Rucola und im Spätsommer auch mal ein
kleingeschnittenes Maisblatt fraßen. Sonntags gab
es zusätzlich eine kleine Portion Katzenfutter. Das
getrocknete Katzenfutter gab ich zwei Stunden vor
der Fütterung in eine Schale mit Wasser und legte es
den Tieren auf ihren Futterstein, oben drauf streute
ich das Kalzium und das unbeliebte Vitaminpulver.
Statt dem eingeweichten Katzenfutter gab es optional
aus der Dose nasses Hunde- oder Katzenfutter, das
ebenfalls mit Kalzium und Vitaminpulver angereichert
wurde. Einmal im Monat gab es ganz mageres Rind-
fleisch in kleine Stücke geschnitten über das Grünfutter,
das auch mit dem Kalzium und Vitaminpulver vermengt
wurde.

Für die Schlüpflinge oder Jungtiere gab es grundsätzlich
immer das gleiche Futter, nur etwas kleiner aufbereitet.
Auch sie liebten von Anfang an den Löwenzahn, dessen
Blüten und Stängel. Mit einer Schere habe ich das Grünfutter immer etwas kleiner geschnitten, damit die Mini-
landschildkröten von jedem etwas fressen.

Zusatzstoffe zur Grundnahrung
Was es ab und zu zur Grundnahrung gibt, hatte ich
weiter oben schon geschrieben. Weil die Tiere ständig
am wachsen sind und der Panzer dafür Kalzium benötigt,
ist es bei Landschildkröten wichtig in regelmäßigen
Abständen Kalzium in das Futter zu geben. Dies ist
besonders wichtig bei Landschildkröten, wenn sie im
Alter der Schlüpflinge oder Jungtiere sind, weil sie
in dieser Lebensphase besonders schnell wachsen.

Wie schon oben geschrieben habe ich meinen Landschildkröten auch immer wieder Vitaminpulver unter das Futter gemischt, das sie aber nie gerne nahmen. Nur wenn es am Fleisch, Katzen- oder Hundefutter klebte störte sie es nicht.

Ungeeignete Nahrung
Um keine Auflistung zu erstellen, kann generell dazu gesagt werden, dass alles was grundsätzlich nicht in dem natürlichen Habitat der Tiere zu finden ist, oder was speziell für Menschen angebaut und hergestellt wird, ist für Landschildkröten ungeeignete Nahrung. Dazu zählen z.B. Milchprodukte, Zwieback, Cornflakes, Wurst, Käse, Pizza, Tomaten, Schlangengurken, Kopfsalat, gekochte Eier, Süßigkeiten in aller Form, alle gewürzten Lebensmittel, usw..

Trinken
Weil Landschildkröten nicht schwitzen, wie zum Beispiel Menschen, benötigen sie sehr wenig Wasser und finden normalerweise genug Feuchtigkeit in ihrem Futter. Dennoch muss den Landschildkröten immer Wasser zur Verfügung gestellt werden, weil die Tiere dies benötigen, wenn z.B. die Nieren von Chemikalien freigespült werden müssen, Ablagerungen aus den Nieren gespült werden, usw.. Wie schon geschrieben habe ich dazu die lasierte Tonschale in die Erde versenkt, in der täglich frisches Wasser gereicht wird. Schildkröten trinken übrigens immer in einem Zug durch, bis der Durst gelöscht ist.

8. Zucht

Voraussetzungen

Um Landschildkröten züchten zu können, sind ein paar Voraussetzungen erforderlich. Als erstes müssen adulte u. gesunde Tiere von der gleichen Art und Unterart, beider Geschlechter, im Gehege sein. Die Tiere müssen zur richtigen Zeit zusammen geführt werden, falls diese nicht in einem Gehege gemeinsam leben. Nach der Winterruhe beginnt üblicherweise die erste Paarungszeit, dann sind die weiblichen Eier von den männlichen Tieren zu befruchten. Selbstverständlich ist es erforderlich fruchtbare Tiere im Gehege zu haben, um mit einer Zucht erfolgreich zu starten. Natürlich ist ein schönes, weitläufiges Gehege, in möglichst ruhiger ungestörter Lage, mit viel Sonne u. guter Ernährung der Landschildkröten ebenso wichtig, um die Tiere in Paarungslaune zu bringen. Es muss im Gehege ein geeigneter Eiablageplatz auf der sonnigen Südseite, mit weichem Substrat, z.B. Sand, vorhanden sein. Als meine Männchen im Gehege geschlechtsreif wurden, klappte das erst zwei Jahre später mit der Befruchtung, weil die unerfahrenen Männchen zwar eifrig bei den Weibchen übten, aber immer an der falschen Stelle. Erst nach zwei Jahren wussten die Männchen wie es funktioniert.

Paarung

Wenn die Zeit da ist funktioniert das wie folgt bei den Landschildkröten. Das Männchen rennt dem Weibchen kopfwackelnd hinterher, beißt dabei immer wieder in die Vorderbeine, bis das Weibchen stehen bleibt.

Danach rennt das Männchen eilig vor das Weibchen
und beißt ein paar Mal in den Kopf der Verehrerin.
Das Weibchen zieht den Kopf weit ein u. verharrt so,
dadurch drückt es automatisch den hinteren Körper-
teil nach außen, das ist hilfreich bei der Paarung.
Dann rennt das Männchen schnell um das Weibchen
u. steigt von hinten auf. Stehend auf den zwei Hinterbeinen schiebt das Männchen seinen Schwanz unter
das Weibchen, das immer noch regungslos verharrt.
Durch die konkave Bauchpanzerform der Männchen
rutscht es nicht so leicht vom Rücken des Weibchens.
In dieser Position fährt der Penis des Männchens aus
seinem Schwanz heraus und schiebt sich in die Körper-
öffnung am Schwanz des Weibchens. Das Männchen
steckt den Hals weit heraus und reißt sein Maul maximal auf und fängt an laut rhythmisch zu stöhnen.
Das Stöhnen war bei meinen Männchen so laut, dass
meine Nachbarn jahrelang glaubten die Geräusche
kommen direkt aus unserem Schlafzimmer. Bis wir
mal auf das Thema kamen und aufklären konnten.
Nach ein paar Minuten ist alles vorbei und das
Männchen steigt wieder ab und geht seines Weges.
Dabei schleift oftmals noch der erigierte Penis durch
das Gras, bis das Männchen sich restlos entspannt.
Als ich dies das erste Mal sah, war ich erstaunt wie
lang der Penis eines Schildkrötenmännchens zu
seiner Körpergröße ist. Aber das muss wohl so sein,
denn schließlich können sich die Landschildkröten,
bedingt durch die steifen Panzer, nicht so gut
aneinander schmiegen wie z.B. andere Reptilien.
Um diese Distanz zu überbrücken benötigt es eben
etwas mehr Länge als z.B. bei paarenden Eidechsen.
Das ist die Paarung oder der Akt der Landschildkröten.

Das Verhalten der Griechischen Landschildkröten und
der Vierzehen Landschildkröten ist im Prinzip gleich.
Der Ablauf erfolgt aus meiner Sicht bei den Vierzehen
Landschildkröten deutlich ruppiger als bei den eher
gemütlicheren Griechischen Landschildkröten.

Falls die Weibchen nicht paarungsbereit sind, machen
das die drei- bis viermal größeren Vierzehen Landschildkröten Weibchen nicht lange mit und bieten den
Männchen schon beim Beißen Paroli. Wenn die
Männchen weiter machen, dann schieben die kräftigen
Vierzehen Landschildkröten Weibchen mal kurzerhand
die Männchen einen Meter durch das Gelände.
Spätestens dann ziehen die paarungswilligen Männchen
schnell wieder ab u. belästigen die Weibchen nicht mehr.
Bei den Griechischen Landschildkröten Weibchen geht
es etwas höflicher und gemütlicher zu, diese weisen
die Männchen ab und drehen sich weg, so dass die
Männchen keine Möglichkeit haben sie zu besteigen.

Verhalten vor der Eiablage
Landschildkröten haben einen gut geregelten Tagesablauf. Der darin besteht, am Morgen sich in der Sonne
aufzuwärmen, anschließend Futter zu suchen, je nach
Wetter sich im Schatten aufzuhalten oder sich wieder
in der Sonne aufzuwärmen, Futter suchen, usw.. Am
Abend, bevor die Sonne untergeht sind fast alle zur
gleichen Zeit wieder in ihrer Schutzhütte. Tagsüber
oder wenn alle anderen Tiere schon in der Schutzhütte
sind, dann laufen die trächtigen Weibchen, Tage vor der
Eiablage, durch das Gehege, um immer wieder mit der
Nase am Boden die Bodentemperatur und Feuchtigkeit
zu überprüfen.

Es passiert auch das die Weibchen vor der Eiablage
Probebohrungen im Erdreich durchführen, um den
besten Platz für das Gelege zu finden. Ein weiteres
auffälliges Verhalten vor der Eiablage ist die geringe
bis keine Futteraufnahme der trächtigen Weibchen.
Dies kommt daher, weil der Magen durch die Eier
in ihrem Körper zusammen gedrückt wird.

Verhalten während der Eiablage

Hat das Weibchen der Landschildkröten den richtigen
Eiablageplatz gefunden, dann gräbt es dort tagsüber
mit den Hinterbeinen eine Grube, die etwa zehn bis
fünfzehn Zentimeter tief ist und der Breite der Landschildkröten entspricht. Wenn die Grube tief genug
ist, dann presst das Weibchen vorsichtig das erste Ei
aus ihrem Schwanz und positioniert es vorsichtig mit
den Hinterbeinen in der Grube. Anschließend das
nächste Ei und ebenso die Positionierung und so geht
es weiter, bis das letzte Ei in der Grube abgelegt ist.
Liegen alle Eier so wie es die weibliche Schildkröte
sich vorstellt, dann wird vorsichtig und langsam die
Eiablagegrube mit den Hinterbeinen geschlossen.
Dabei wird auch immer wieder die Erde über dem
Gelege verdichtet. Nach Fertigstellung erkennt man
nicht mehr, dass dort eine Eiablagegrube unter der
Erde / Sand ist. Die Struktur und die vorhergehende
Oberfläche des Eiablageplatzes ist wie vor der
Ablage. Ein paar Seiten zuvor habe ich die Eiablage
der Griechischen Landschildkröte mit sechs Fotos
dokumentiert. Danach ruhen sich die weiblichen
Tiere aus oder fressen noch ein wenig, denn nun
ist wieder viel Platz im Magen, weil die Eier nicht
mehr auf den Magen drücken.

Häufigkeit der Eiablage

Jedes weibliche Tier in meinem Gehege legte Ende Mai
bis Mitte Juni das erste Mal seine Eier in die Sandgrube.
Zwischen Anfang Juli bis Anfang August legte jedes
Weibchen nochmals ein Gelege in den vorgesehenen
Eiablageplatz mit Sandfüllung.

Anzahl der Eier

Von den Griechischen Landschildkröten wurden im
ersten Jahr von jedem weiblichen Tier zwei mal vier
Eier abgelegt. In den Folgejahren waren es immer zwei
mal fünf Eier pro Weibchen. Die Vierzehen Landschildkröten Weibchen legten von der ersten Eiablage, bis
heute, immer zwei mal acht Eier in die Sandgrube.

Natürlich ausbrüten

Eine wesentliche Bedingung ist, dass der weiche Boden
oder das Substrat wie z.B. Sand o. Torf eine Temperatur
von dauerhaften dreißig Grad über die Brutzeit aufweist.
Wer in einer sehr warmen Gegend wohnt und einen
geschützten Platz findet, der könnte dies auf natürliche
weise im Gehege probieren. Falls dies nicht möglich ist,
dann könnte ein kleines Gewächshaus zur Hilfe
genommen werden, wo diese Temperatur erreicht
wird, um dort den Landschildkröten die Eiablage zu
ermöglichen. Falls auch hier diese Temperaturen nicht
erreicht werden, helfen nur noch Wärmelampen die
über Zeitschaltuhren und evtl. Thermoreglern die
Temperaturbedingungen erfüllen. Falls jemand in so
einer kalten Gegend wohnt, das dies immer noch nicht
reicht, dann sollte in der Zeit der Brut eine zusätzliche
Heizfolie, dreißig Zentimeter unter dem Substrat,
eingebracht werden.

Damit keine Fressfeinde von unten an die gelegten Eier der Landschildkröten gelangen, könnte das Substrat in eine große Kunststoffwanne mit einer Tiefe von mindestens dreißig Zentimeter in die Erde oder dem Gewächshaus eingegraben werden. Um Staunässe zu verhindern sind kleine Bohrungen an der Seite und im Boden der Kunststoffwanne zu bohren. Geeignet ist auch ein Betonbecken oder z.B. grob gezimmerte Holzdielen. Wichtig ist dabei, dass immer das Wasser im Erdreich abfließen kann und die Landschildkröten sich nicht verletzten. Noch wichtig ist zu der Temperatur auch die Feuchtigkeit des Substrats, die sollte zwischen sechzig bis neunzig Prozent liegen, idealerweise zwischen siebzig bis achtzig Prozent. Prinzipiell würde das auch in einem Terrarium in der Wohnung funktionieren.

Ausbrüten im Brutapparat / Inkubator
Wenn die Landschildkröteneier im Brutapparat / Inkubator ausgebrütet werden sollen, dann ist dank der modernen Technik nicht mehr so viel zu tun, dennoch sind einige Punkte extrem wichtig und sollten unbedingt beachtet werden. Der Brut-apparat sollte mindestens einen Tag vor dem Einlegen der Landschildkröteneier im Betrieb sein. Das bedeutet, Wasser in die unteren "blauen Rinnen" des Brutapparates füllen, die kleinen durchsichtigen Schalen mit dem befeuchteten Substrat, ungefähr halb voll füllen, den Deckel mit Löchern auf die Schalen klipsen und alles in den Brutapparat hinein stellen. Ein Thermostat und ein Hygrometer auf die Schalen legen, so dass durch die Fenster des Brut-apparates die Instrumente abgelesen werden können.

Die Feuchtigkeit und Temperatur beobachten und
nach Bedarf justieren, aber alles erst mal ein paar
Stunden im Betrieb lassen, bis der Inkubator im ein-
geschwungenen Zustand ist. Ein paar Seiten zuvor
habe ich im Buch einen typischen Brutapparat /
Inkubator für Schildkröteneier fotografiert. Es
dürfen die Eier der Schildkröten nicht gedreht oder
bewegt werden, das ist der große Unterschied zu
den Brutapparaten für Vogeleier. Werden die Landschildkröteneier im Brutapparat gedreht, dann
ersticken die Embryos in ihren Eiern und sterben.

Wenn die Schildkrötenweibchen ihre Eier in den
Eiablagplatz gelegt haben und außer Sichtweite
sind, dann kommt der Schildkrötenpfleger zum
Einsatz. Vorsichtig wird das Substrat entfernt u.
die Eigrube freigelegt. Sind die Landschildkröteneier sichtbar, so wird jedes Ei an der obersten
Stelle mit einem Stift gekennzeichnet und in eine
Schüssel mit etwas Sand hinein gelegt und zwar
so, dass das Ei immer in der Position mit der Kenn-
zeichnung nach oben schaut. Also die gleiche Lage
wie in der Eigrube. Die Eier werden nicht gedreht,
geschüttelt, o. sonst irgendwie bewegt, nur von
der Eigrube in gleicher Position, ein wenig vom
Substrat befreien, und vorsichtig umlagern in die
Schüssel mit Sand. Zur Markierung der Eier nehme
ich immer einen weichen Bleistift und markiere,
z.B. Kreuz mit Ring, nur Kreuz, Kreis, Dreieck, usw.,
für jedes Gelege und notiere mir das Datum der
Entnahme, so erhalte ich eine Statistik und kann
die Landschildkröteneier pro Gelege verfolgen.

So schnell wie möglich werden die Schildkröteneier
in den Brutapparat überführt. Dann öffne eine vorbereitete Schale mit Vermiculite und bohre mit dem
Finger eine Mulde für ein hartschaliges Ei aus dem
Gelege. Das Landschildkrötenei wird vorsichtig hinein
gelegt, aber nicht gedrückt und mit dem feuchten
Vermiculite so bedeckt, dass nur noch der obere Teil
mit der Markierung heraus schaut. Ein paar Seiten
zuvor habe ich im Buch eine typische Schale (ohne
Deckel) mit den zugedeckten Schildkröteneier fotografiert. So wird ein Ei nach dem anderen hinein gelegt
und am Ende der Deckel mit den Löchern aufgeklipst.
Dann den Brutapparat schließen und ruhig stehen
lassen. Zur Info, das körnige Material Vermiculite ist
besonders gut für die Brut von Schildkröteneiern
geeignet, weil es sehr gut Feuchtigkeit aufnehmen
und halten kann und nicht anfängt zu schimmeln
oder faulen. Denn Schildkröteneier benötigen eine
gewisse Feuchtigkeit und Temperatur, sonst sterben
die Embryos in den Eiern ab. Der Brutapparat sollte
in einem Raum stehen, der einigermaßen ruhig
ist und keine Sonne auf den Brutapparat scheint.
Nun verbleiben die Landschildkröteneier so lange
im Brutapparat bis die Schlüpflinge aus dem Ei
schlüpfen. Wenn sie draußen sind und der Dottersack unter ihrem Bauch eingesogen ist, dann erst
werden die Tiere aus dem Brutapparat entnommen.
Nun können die Schlüpflinge in eine vorbereitete
Kunststoffwanne, wie schon beschrieben, mit Wasser,
Futter, Licht, Substrat usw. überführt werden. Nach
der Entnahme aus dem Brutapparat und in regelmäßigen Abständen die durstigen Schlüpflinge
baden. Achtung, der Panzer ist noch sehr weich.

Unbefruchtete Eier werden nach der Brutzeit aus dem Brutapparat entfernt und zur Sicherheit vorsichtig geöffnet, denn es kann vorkommen das hier noch Tiere drin sind und nur den Weg nach draußen nicht fanden. Zur Sicherheit hier eine Schutzbrille und alte Kleidung anziehen, denn unbefruchtete Eier können beim Öffnen explodieren und der faulig stinkende Inhalt spritzt heraus. Aus meiner Sicht ist der Brutapparat die beste und sicherste Lösung zum Ausbrüten der Landschildkröteneier.

Prüfung der befruchteten Eier

Es ist sehr einfach etwas Licht in die Sache zu bringen. Man schneide sich ein Stück Pappe zurecht und legt das Landschildkrötenei hinein und beleuchtet es von unten. Sieht man nach zwei Wochen Strukturen im Ei, in Form von Blutgefäßen, dann ist das schon mal positiv, denn dort befindet sich später der Dottersack u. das Embryo. Wenn sich im oberen Ei eine undurchsichtige Masse zeigt, dann ist das Ei befruchtet. Wenn sich im unteren Ei undurchsichtige Massen zeigen, ist das Ei unbefruchtet. Bei schattenhaften Formen und Linien ist es leider unklar und kann alles Mögliche bedeuten. Beim Durchleuchten der Eier darauf achten, dass sie nur ganz kurz aus dem Brutapparat genommen werden, die Lampe nur kurz auf das Ei scheint, wegen der Wärmeentwicklung. Das Ei auf gar keinen Fall drehen, die Markierung auf dem Ei muss immer oben bleiben. In einem unbefruchteten Ei kann das Ei komplett mit Flüssigkeit bleiben, oder es setzt sich eine breiige Masse im unteren Bereich ab. Nach der kurzen Prüfung kommt das Ei möglichst schnell wieder in den Brutapparat zurück. Siehe auch die Prinzipskizze auf der folgenden Seite.

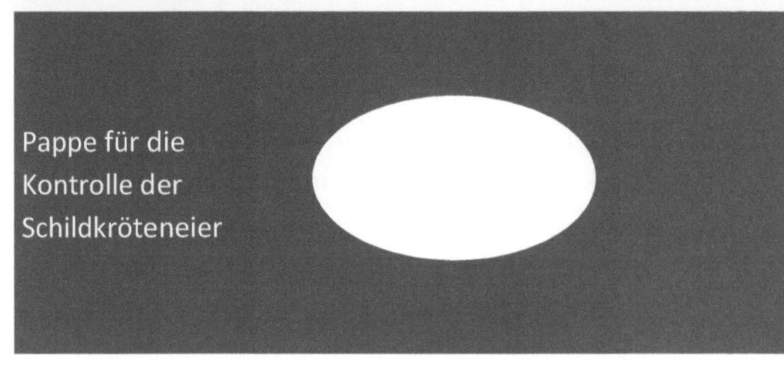

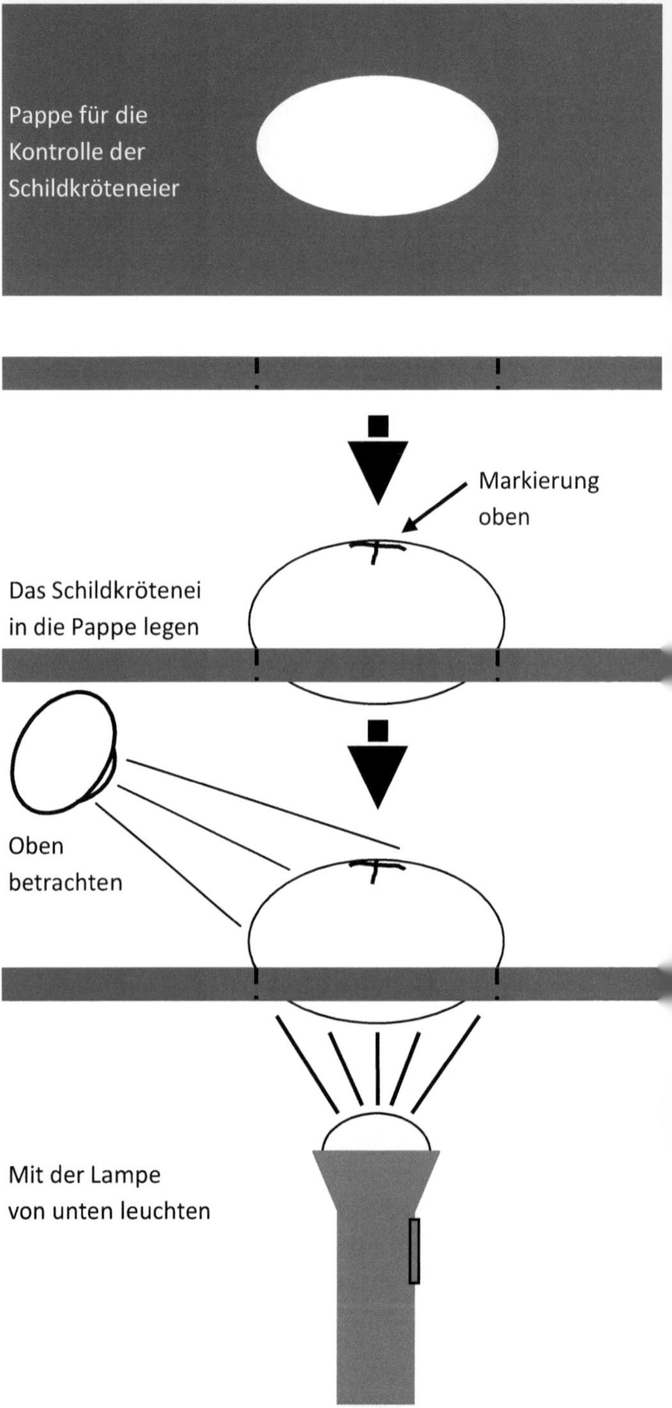

Pappe für die
Kontrolle der
Schildkröteneier

Markierung
oben

Das Schildkrötenei
in die Pappe legen

Oben
betrachten

Mit der Lampe
von unten leuchten

Brutzeit, Temperatur und Feuchtigkeit im Inkubator
Die Brutzeit ist stark von der eingestellten Temperatur
des Inkubators abhängig. Grundsätzlich gilt, je höher die
Temperatur, desto kürzer die Brutzeit. Es sind nur zwei
Dinge zu beachten, ist die Bruttemperatur zu niedrig
oder zu hoch dann sterben die Embryos in den Eiern ab.
So beträgt die Brutzeit bei fünfunddreißig Grad Celsius
etwa fünfundfünfzig Tage, bei dreißig Grad Celsius
siebzig Tage und bei fünfundzwanzig Grad Celsius rund
hundertzwanzig Tage. Die Bruttemperatur im Inkubator
/ Brutapparat darf nicht unter fünfundzwanzig Grad
Celsius fallen und nicht über fünfunddreißig Grad Celsius
steigen.

Bevor die Temperatur des Inkubators eingestellt wird,
ist die Entscheidung zu treffen, möchte man Männchen
oder Weibchen, oder beide Geschlechter haben. Denn
bei den Schildkröten ist die Temperatur entscheidend
für das Geschlecht der Tiere. Zwischen Temperaturen
von fünfundzwanzig Grad Celsius bis dreißig Grad Celsius
im Inkubator entwickeln sich männliche Tiere, bei einer
Einstellung zwischen dreißig Grad Celsius und fünfunddreißig Grad Celsius entwickeln sich weibliche Landschildkröten. Wer sich nicht entscheiden will oder kann,
der wählt eine Temperatur im Inkubator von dreißig
Grad Celsius, denn dann wird es dem Zufall überlassen
und meistens entwickeln sich beide Geschlechter. Aus
meiner Sicht ist es vernünftig möglichst mehr Weibchen
auszubrüten, denn Weibchen legen wieder Eier und
erhalten die Art, helfen den Fang aus der Natur zu
reduzieren und vertragen sich gut mit anderen Schildkröten im Gehege. Bei den Männchen reicht ein Tier
aus um viele Weibchen zu befruchten.

In der Natur wird das Geschlecht, wie im Inkubator, nach fünfzehn bis dreißig Tagen nach der Eiablage gebildet. Wenn die Weibchen ihre Eier in ihrem natürlichen Habitat ablegen, dann entscheidet die Tiefe der Eigrube, die Lage der Eier und die Temperatur der Sonnenstrahlen das Geschlecht.

Ein weiterer wichtiger Punkt im Inkubator ist die Luftfeuchtigkeit. Sie sollte idealerweise zwischen siebzig bis achtzig Prozent liegen, darf aber nicht unter sechzig Prozent fallen und die neunzig Prozent nicht übersteigen, weil sonst die Embryos Schaden nehmen oder gar sterben.

Erste Tage nach dem Schlüpfen
Der Embryo wächst gleichermaßen im Ei, wie der Dottersack dort abnimmt. Bis der Dottersack fast aufgebraucht ist, dann öffnet die Landschildkröte mit ihrem Eizahn auf der Nasenspitze die Eischale. Bis sie sich letztendlich von der Eihülle befreit hat. Weil dies ein anstrengender Vorgang ist, legt die kleine Schildkröte immer wieder Pausen ein, um sich auszuruhen oder zu schlafen. Die Tiere sollten dabei möglichst nicht gestört werden, weil in dieser Phase immer noch ein kleiner Dottersack auf der Bauchseite an der Nabelschnur hängt und die Gefahr ihn abzureißen besteht. Wenn in einem Gelege die meisten Tiere geschlüpft sind und nur noch ein o. zwei Eier kein Anzeichen des Schlüpfen zeigen, dann sollte das Ei vorsichtig entfernt und ganz behutsam vom Pfleger geöffnet werden.

Weil es durchaus vorkommt, dass der Eizahn nicht
gut ausgebildet ist und die Schildkröte sich deshalb
nicht selber aus dem Ei befreien kann. Das ist mir auch
schon des Öfteren passiert. Dann nehme ich immer das
Ei in die Hand und kloppte vorsichtig mit einem Teelöffel
auf die Markierung und entferne ganz behutsam mit
einer flachen Pinzette die obere Hälfte der Eischale.
Die Bauchseite mit dem kleinen Dottersack bitte
unberührt lassen und die Schildkröte nicht aus dem
Ei heben. Den Rest schaffen die Tiere nach einiger Zeit
selber.

Der andere Fall ist der, dass das Ei im Brutapparat
unbefruchtet war, oder der Embryo gestorben ist. Dann
unbedingt außerhalb des Inkubators, mit alter Kleidung
und Schutzbrille, das Ei geöffnet wird um dies zu prüfen.
Denn der faulige Inhalt kann explodieren und stinkt
erbärmlich. Dazu bin ich immer auf die Wiese gegangen
und habe das im Freien durchgeführt, weil der Gestank
extrem ist.

Wenn die Schlüpflinge im Inkubator anfangen zu laufen,
dann wird es Zeit die kleinen Landschildkröten vorsichtig
aus dem Brutapparat zu nehmen, denn die Panzer der
Tiere sind noch sehr weich. Wenn der Dottersack auf
der Bauchseite komplett eingesaugt wurde, dann sollten
die Tiere in eine Wasserschale mit lauwarmen Wasser
gesetzt werden, damit das Brutsubstrat entfernt wird
und die kleinen Landschildkröten etwas trinken können.
Den Wasserstand in der Schale nur so hoch füllen, dass
die Tiere bequem Luft holen können. Nach dem kurzen
Bad werden die Tiere in ihre vorbereiteten Plastikboxen
gesetzt.

Wie schon geschrieben, werden die Schlüpflinge die ersten Wochen in kleinen Plastikboxen auf farblosem Zeitungspapier gehalten. Natürlich mit entsprechenden Lampen, Wasser und klein geschnittenem Futter. Die Druckerschwärze von dem Zeitungspapier hat zudem eine desinfizierende Wirkung auf den Bauchnabel. Ich stelle die Tiere bei jeder Gelegenheit in den Garten oder auf die Terrasse, es muss aber immer genug Schatten vorhanden sein, weil die kleinen Tiere schnell überhitzen. Auch hier sollte ein Hasengitter über die Box, denn Elstern, Rabenvögel, usw. finden schnell die Beute. Wenn die Nabelschnur der kleinen Schildkröten vertrocknet und abgefallen ist, so wie der Bauchnabel des Panzers gut geschlossen u. verheilt, dann kommen die Minischildkröten frühestens in das kleine Außen-gehege.

Für die Schlüpflinge gibt es das gleiche Futter wie für die Jungschildkröten oder adulten Tiere, nur etwas kleiner aufbereitet. Mit einer Schere habe ich das Grünfutter immer etwas kleiner geschnitten, damit die mini Landschildkröten von jedem etwas fressen. In dieser Lebensphase sehr abwechslungsreich füttern, denn hier prägt sich das Futterbild der Tiere. Zu jedem Futter immer etwas Kalzium auf das Fressen geben und zweimal die Woche ein wenig Vitaminpulver dazu.

Ein paar Seiten zuvor habe ich die markierten Eier, das erste Aufbrechen der Eischale, ein halb aus dem Ei geschlüpften Schlüpfling, den Schlüpfling aus dem Ei und das gleiche Tier nach einem Jahr gezeigt. Es ist der "Schlupf u. Entwicklung der Vierzehen Land-schildkröte" des Tieres namens Rüdiger.

Es ist die einzige Landschildkröte, die auf Wunsch
unserer Kinder einen Namen erhielt. Die wir natürlich
nicht weiter vermitteln durften und ein Leben lang,
wie seine Eltern zuvor, von uns begleitet wurde.

Vergesellschaftung
Vergesellschaftung der Landschildkröten
untereinander, siehe dazu in diesem Buch zuvor bei
der "Gruppenzusammenstellung" "Gruppenhaltung /
Einzelhaltung", "Vorgaben der Mindestfläche", Freilandhaltung im Garten, usw.

Eine Vergesellschaftung mit etwa gleich großen
Reptilien, wie Eidechsen Schlangen, Nattern, Kröten,
Fröschen, Lurchen, Sumpfschildkröten, usw. ist grundsätzlich möglich. Dabei sollten die Tiere in etwa die
gleichen Bedürfnisse an die klimatischen Verhältnisse
haben. Es darf natürlich kein neuer Bewohner in das
Gehege, der nicht zuvor in Quarantäne und Isolierung
war und tierärztlich untersucht wurde. Dies ist wichtig
für alle Neuzugänge, die in die bestehende Gruppe
integriert werden sollen, um die bestehende Land-
schildkrötengruppe vor eingeschleppten Krankheiten
zu schützen. Selbstverständlich darf kein Tier in das
Gehege, das die Landschildkröten als Futtertiere sehen.
Tiere die Eier fressen dürfen nicht in eine Zuchtgruppe.

Hunde, Katzen, Marder, Waschbären, Nagetiere aller Art,
usw. sind ein Tabuthema für die gemeinsame Haltung
mit Landschildkröten. Weil z.B. Nagetiere gern die Panzer
anfressen und Krankheiten übertragen können. Wer
natürlich eine eigene Katze oder einen Hund im Garten
hat, der sollte das beobachten, meistens klappt es gut.

Wie schon gesagt, bei uns in der Sackgasse sind viele Katzen, aber keine interessiert sich für die Schildkröten. Wir selber haben keinen Hund, aber Freunde kommen öfters mit einem Hund und der schaut die Tiere kurz an und weiß, dass dies kein Futter für ihn ist, Das muss dem Hund von seinem Besitzer klar gemacht werden. Schon beim zweiten Besuch des Hundes waren die Landschildkröten langweilig für den Hund. Aber ich würde keinen fremden Hund unbeaufsichtigt zu meinen Landschildkröten lassen, denn wer weiß was geschieht wenn es dem Hund langweilig wird.

9. Wachstum und Lebenserwartung

Erkennungsmerkmale gesundes Wachstum

Das sichtbarste Erkennungsmerkmal des gesunden Wachstums einer Landschildkröte ist der sauber und gleichmäßig entwickelte Carapax und Plastron der Landschildkröte, der um jedes einzelne Schild einen hellen hornfarbenen Wachstumsstreifen von einem bis drei Millimeter zeigt. Bei Schlüpflingen und Jung-schildkröten ist dieser meistens besonders gut ausgeprägt. Schildkröten wachsen ihr ganzes Leben lang und eine gesunde und gut gehaltene Land-schildkröte nimmt jedes Jahr an Gewicht u. Größe zu. In den jungen Jahren, bis zum adulten Alter, wachsen die Tiere ein wenig schneller, was von der Natur, bezüglich Fressfeinden, durchaus sinnvoll erscheint. Ich möchte hier keine Statistik abgeben, obwohl ich diese auch Jahrelang betrieben habe. Ich finde eine gute Pflege und Beobachtung der Tiere sagt mehr als jede Statistik über Wachstum u. Gesundheit aus.

Aber auch das Verhalten der Tiere im Gehege ist hierzu wichtig, denn eine gesunde Landschildkröte bewegt sich gern und ist neugierig, läuft auf hoch gestellten Beinen kräftig und gleichmäßig durch die Anlage, auf der sie gepflegt wird. Wenn die Landschildkröte lethargisch ist und der Plastron beim Gehen auf dem Boden schleift, dann stimmt etwas nicht mit dem Tier. Gesunde Tiere fressen gut und sonnen sich gern, haben zudem einen relativ festen Tagesablauf zwischen Sonnen, Fressen und Schlafen. Die hier im Buch genannten Landschildkrötenarten können durchaus sechzig Jahre und mehr in einer guten Haltung erreichen.

Lebenserwartung in der Haltung und der Natur
Am Anfang des Buches habe ich schon ein paar Bemerkungen zum "Biblischen Alter der Schildkröten" mitgeteilt. Grundsätzlich werden Schildkröten in Gefangenschaft deutlich älter als in der freien Wildbahn. Aber nur bei guter und sachkundiger Haltung und Pflege.

10. Krankheiten

Vorbeugung gegen Krankheiten
Die wichtigste Art der Vorbeugung ist eine gute und qualifizierte Haltung und Fütterung der Landschildkröten durch den Pfleger. Frisches gutes Futter mit den nötigen Zusatzstoffen, ein großes Gehege mit vielen Versteckmöglichkeiten und Sonnenplätzen, eine geeignete Schutzhütte und eine gute Überwinterung die allen Vorgaben entspricht, so wie der wichtigen Vor- und Nachbereitung zur Überwinterung. Natürlich sollte alles immer ordentlich und sauber gehalten werden.

Neue Tiere müssen zuvor in Quarantäne und Isolierung, idealerweise tierärztlich untersucht werden, bevor eine Vergesellschaftung zum Altbestand stattfinden darf.
Wer es besonders gut mit den Landschildkröten meint, der geht einmal pro Jahr zur tierärztlichen Untersuchung und macht eine vorbeugende Wurmkur mit Tabletten.
Das habe ich zwar nie gemacht, hatte aber auch sehr ideale Pflegebedingungen in meinem Gehege und bei der Überwinterung.

Mögliche Krankheiten
In meiner bisherigen gesamten Pflegezeit meiner Landschildkröten, hatte ich kein einziges Tier, das eine Krankheit durch Mangelerscheinung o. schlechter Haltung bekam. Vielleicht war es auch nur Glück !

Deshalb möchte ich einen ganz kleinen Überblick über die häufigsten Krankheiten in diesem Buch geben. Da ich kein Tierarzt bin, kann ich das leider alles nur ganz grob erläutern und ohne medizinischen Sachverstand. Wichtig ist aus meiner Sicht, sollten die Landschildkröten sich ungewöhnlich auffällig verhalten, sichtbare Verletzungen zeigen, Entzündungen, Geschwüre oder ähnliches sichtbar sein, dann gehen sie sofort zum Tierarzt ihres Vertrauens.

Gesunde Tiere haben klare Augen, trockene Nasenlöcher, das Maul ist sauber, trocken und der Racheninnenraum mit der Zunge gleichmäßig rosa bis rot und gut durchblutet, die Kloake ist trocken und sauber, der Kot sollte länglich fest mit Fasern durchzogen u. dunkelgrün bis schwarz sein. Der Panzer ist fest und gleichmäßig homogen geformt.

Die Gliedmaßen sind gleichmäßig und kräftig geformt.
Die Hornplatten am Schnabel sind nicht zu lang und
gleichmäßig, ohne Ausbruch oder Überstand. Die
Krallen an den Beinen sind gleichmäßig und kräftig
ausgebildet und dürfen nicht zu lang sein.

Grundsätzlich möchte ich sagen, die hier im Buch
genannten Landschildkrötenarten sind für unser
Gefilde noch am besten von allen Landschildkröten
geeignet. Weil sie mit unserem Klima im Sommer ganz
gut zurechtkommen und Temperaturschwankungen
ganz gut wegstecken, dennoch sollten alle vorher
genannten Punkte zur Haltung und Pflege beachtet
werden.

Wenn es gesundheitliche Auffälligkeiten einer einzelnen
Landschildkröte im Gehege gibt, dann ist als allererstes
dieses auffällige Tier in ein separat vorgehaltenes
Gehege zu vereinzeln und zu überwachen. Nach dem
Begutachten des Tieres und dessen Umsetzung, so wie
vor und nach der Behandlung / Pflege des separierten
Tieres muss man sich immer gut die Hände waschen,
was auch sonst grundsätzlich beim Umgang mit Tieren
so gehandhabt werden sollte.

Knochenerweichung
Es gibt die Knochenerweichung bei Landschildkröten
und sie wird u.a. durch einen weichen und / oder
deformierten Panzer erkannt. Diese Krankheit ist eine
Mangelerscheinung durch eine kalziumarme Ernährung
der Landschildkröten. Auf Grund des fehlenden Kalziums
in der Ernährung können der Panzer u. die Knochen nicht
fest und hart ausgebildet werden oder wachsen.

Dies betrifft auch das Maul, das sich verformt und weich wird, bis das Tier letztendlich keine Nahrung mehr aufnehmen kann und jämmerlich verhungert. Frühzeitige Zuführung von Kalzium verhindert dies, oder wer zu wenig gab, muss die Dosierung erhöhen.

Salmonellose

Dies ist eine Infektion durch Bakterien, die gewöhnlich über den Kot der Tiere verbreitet wird und auch für den Pfleger eine potentielle Gefahr darstellt. Landschildkröten sind öfters Träger von Salmonellen, ohne jedoch daran selber zu erkranken. Ausgelöst wird diese Krankheit durch sehr dreckige und unhygienische Haltung oder durch Ansteckung von Neuzugängen, die nicht in der Quarantäne waren. Die Salmonellose befällt das Verdauungssystem und macht sich im Anfangsstadium fast nicht bemerkbar. Fortschreitend führt die Infektion zu Appetitlosigkeit, Lethargie und manchmal auch zum Durchfall. Der Tierarzt kann die Krankheit zuverlässig an einer einfachen Kotuntersuchung feststellen.

Maulinfektion

Dies ist eher eine Krankheit die bei anderen Reptilien auftritt, aber sie kann durchaus auch bei Landschildkröten auftauchen. Auch diese Krankheit wird durch eine unsaubere Haltung ausgelöst. Die Bakterien oder Pilzinfektionen übertragen sich auf das Tier u. befallen zuerst das Maul, dies wird anschließend sichtbar durch entzündete Verletzungen, Schwellungen im oder um das Maul. Oft bleibt ständig leicht das Maul geöffnet, die Augen geschlossen und die Tiere sind gleichgültig und einige verweigern das Futter.

Unbehandelt greift diese Infektionen zum Kopfbereich, von Augen, Nase und im letzten Stadium auf das Gehirn, das dann zum Tode führt. Glücklicher Weise lässt sich diese Art der Infektion einfach u. erfolgreich behandeln. Durch das Reinigen und Spülen einer milden Salzwasserlösung und anschließendem Betupfen mit einem Sulfonamid wird relativ schnell eine Verbesserung bzw. Heilung erreicht. Zusätzlich ist es sinnvoll Vitamine A u. D zu geben, um den Heilungsprozess zu unterstützen.

Magen-Darm-Erkrankungen

Diese Art der Erkrankung kommt bei Landschildkröten sehr selten vor, sie sollte aber trotzdem erwähnt werden. Magenbeschwerden oder Darmfunktionsstörungen können beispielsweise durch schwerverdauliches oder fettes Futter und / oder zu großen Futtermengen ausgelöst werden. Bei einmaligen Futterverstößen ist dies in der Regel kein Problem, wird das aber ständig missachtet, so können ernsthafte chronische Leiden und Schäden im Magen-Darm-Bereich auftreten. Wie gesagt, bei einmaligen Vergehen wird alles über den Darm ausgeschieden und damit ist die Sache erledigt. Bei einer zu niedrigen Haltung kann sich ein Tier erkälten und die Verdauung läuft so langsam ab, dass im Magen-Darm-Trakt die Nahrung zu lange verweilt und anfängt zu faulen und zu stinken. In der Regel fressen die Tiere zu wenig, verdauen schlecht oder zu langsam und dies führt zu einem chronisch gestörten Stoffwechsel und das betroffene Tier magert ab. Oftmals reicht hier eine Erhöhung der Temperatur und gutes Futter im Gehege, um schnell einen guten Erfolg zu erzielen. Es könnte aber auch ein Befall durch Viren oder Bakterien über Wurm- oder Einzeller ausgelöst worden sein.

Dies ist schwieriger festzustellen und zu korrigieren.
Erkannt wird das durch einen unnatürlichen Kot,
Erbrechen, Durchfall, Lethargie o. Futterverweigerung.
Hier sollte eine Kotprobe dem Tierarzt zur Analyse
gebracht werden, der eine entsprechende Maßnahme
einleiten kann.

Fliegenmaden

Ein Befall durch Fliegenmaden, die im Kot abgelegt
werden und bei einer unhygienischen Haltung auf
die Landschildkröten übertragen wird. Bevorzugt
finden die Fliegenmaden im Bereich zwischen der
Schwanzwurzel und dem Gewebe zum Bauchpanzer,
im hinteren Bereich, zu ihrem Wirt. Die kleinen weißen
Maden fressen sich durch die Haut in das Fleisch der
Tiere, bis sie letztendlich Funktionsorgane erreichen,
befallen und den Wirt damit töten. Hier hilft nur
noch Antibiotika und eine Desinfektion durch den
Tierarzt. Auch so eine Erkrankung lässt sich im
Vorfeld durch eine gute und kontinuierliche
Reinigung des Geheges vermeiden.

Milben und Zecken

Das sind die am häufigsten auftretenden Außen-
parasiten, die sich mit ihrem Kopf in den Wirt bohren
und das Blut aus seinem Körper saugen. Bevorzugt
sind diese Parasiten an den Weichteilen des Wirtes
zu finden. Eingeschleppt wird dies oftmals durch Tiere,
die zuvor nicht in der Quarantäne waren, oder durch
alte modrige Wurzeln aus dem Wald oder Waldboden
die in das Gehege eingebracht wurden. Die Milben und
Zecken lassen sich am besten nachts mit einer guten
Lampe an den Tieren entdecken.

Durch einölen der befallenen Stellen und immer
wieder langen und warmen Bäder lassen sich die
Parasiten entfernen, weil die Tiere Luft zum Atmen
benötigen. Die Zecken vorsichtig mit einer Pinzette
entfernen, das muss leicht gehen und dabei darf der
Kopf der Zecken nicht im Körper der Landschildkröten
stecken bleiben. Anschließend die Stellen mit einer
Salbe, mit desinfizierenden Eigenschaften, eincremen.
Mal eine Zecke oder eine Milbe ist kein Problem für
ein gesundes Tier, aber wenn es zu viele werden,
dann verliert die Landschildkröte zu viel Blut, der
Rachenraum und die Zunge werden hellrosa bis
weiß und die Tiere können ernsthaft krank werden.
Auch hier gilt, eine saubere und gesunde Haltung
bewahren die Schildkröten vor den Schmarotzern.

Augeninfektionen

Auch diese Bakterien finden in einer unhygienischen
Anlage zu den Augen der Wirtstiere. Dann fangen die
Augen an zu tränen, oder es tropft weiße bis eitrige
Flüssigkeit aus den klaren Augen der Landschildkröte.
Wird der Befall nicht behandelt, kann das Auge der
Schildkröte sich trüben und langfristig geschädigt
werden. Durch einen Abstrich der Flüssigkeit beim
Tierarzt werden die Bakterien ermittelt und können
relativ einfach durch ein geeignetes Antibiotikum
behandelt werden. Normalerweise heilt das Auge
schnell und vollständig ab, ohne gesundheitliche
Schäden zu nehmen.

Atemwegsinfektionen

Diese Krankheit tritt bei Landschildkröten nur bei zu
kalter und zugiger Haltung auf, dabei läuft die Nase.

Das Maul ist leicht geöffnet, das atmen fällt schwerer
und die betroffenen Tiere leiden unter Appetitlosigkeit.
Durch eine bessere und wärmere, so wie zugfreie
Haltung wird der Zustand der Tiere schnell wieder
besser. Wird nichts dagegen unternommen, so kann
sich eine Lungenentzündung entwickeln und das Tier
stirbt daran.

Pilzinfektionen

Pilzinfektionen treten bei zu feuchter Haltung auf und
überziehen den Carapax und Plastron mit einem Belag.
Dieser ist bei Auftreten mit täglichen Bädern im warmen
Salzwasser, die mindestens dreißig Minuten dauern,
leicht mit einem weichen Schwamm zu entfernen.
Zwischen zehn und vierzehn Tage sind ausreichend um
die Pilzinfektion restlos zu beseitigen. Natürlich muss
die Haltungsbedingung auch optimiert werden, damit
langfristig die Pilzinfektion nicht wieder auftritt. Bei
schweren Fällen, so schnell wie möglich den Tierarzt
besuchen, um dort Abhilfe und Heilung zu organisieren.

Magersucht

Ist der Harnstoffgehalt bei Landschildkröten im Blut
zu hoch, dann bricht meistens eine Magersucht aus.
Oftmals geht der Krankheit im Anfangsstadium eine
nasale Infektion oder Maulfäule voraus, diese Infektion
muss vorrangig, vor der Magersucht behandelt werden.
In den ersten zwei Stadien kann der Pfleger noch selbst
eingreifen und wirksame Methoden zur Abhilfe der
Magersucht anwenden. Im ersten Stadium frisst die
Landschildkröte noch gut, ist aber manchmal wählerisch
und will nur noch bestimmtes Futter annehmen, welches
bevorzugt meistens stark süß oder proteinhaltig ist.

Im zweiten Stadium frisst das Tier noch relativ gut, ist aber zunehmend wählerisch. Nach der Winterruhe trinkt die Schildkröte in den ersten Wochen auffällig oft u. viel, zudem beginnt sie nach der Winterruhe erst etliche Tage später mit der Futteraufnahme. Wenn der Pfleger innerhalb dieser zwei Stadien handelt und die Pflegebedingungen optimiert, meistens wird eine höhere Temperatur benötigt, dann erholt sich die Landschildkröte relativ schnell. Tritt allerdings das dritte Stadium u. weitere Stadien ein, dann sollte unbedingt ein guter Tierarzt konsultiert werden, der die entsprechenden Heilungsmaßnahmen, zusammen mit dem Pfleger, einleitet. Im dritten Stadium fressen die Landschildkröten nur noch bei heißem Wetter, jedoch nicht bei wolkiger oder kühler Witterung. Das erkrankte Tier trinkt das ganze Jahr über viel und häufig und fängt auch erst Wochen nach der Winterruhe an zu fressen, dabei verliert die Landschildkröte an Gewicht.

Fettleibigkeit

Dies ist eigentlich keine Krankheit, sondern nur ein Überangebot an Nahrung, die in zu kurzer Zeit von der Landschildkröte aufgenommen wird und sich in Form von Fettpolstern an den Armen, Beinen, so wie am Hals, heraus quellen. Dies tritt bei den Griechischen Landschildkröten extrem selten auf. Jedoch bei den Vierzehen Landschildkröten kann dies durchaus vorkommen. Betroffen sind die Tiere die sich sofort auf das Futter stürzen und erst aufhören zu fressen, wenn nichts mehr da ist. Eine Maßnahme ist das Tier bei jeder Fütterung weg zu setzten und erst wenn fast alles von den anderen Tieren im Gehege gefressen wurde, wieder hinein zu setzen.

Oder das fettleibige Tier eine Zeit lang zu separieren
u. mit Normalgewicht wieder zur Gruppe zu integrieren.
Die Ursache für die Fettleibigkeit liegt darin, dass die
Vierzehen Landschildkröte in ihrem ursprünglichen
Habitat einen sehr kurzen Sommer und somit nur ein
kurzes Zeitfenster haben um Nahrung aufzunehmen.
Da heißt das Motto zum Überleben, so viel und schnell
wie irgend möglich zu fressen. Nun kommen die Tiere
mit dieser Programmierung nach Deutschland und
der Sommer ist viel länger als in ihrem ursprünglichen
Habitat. Dann fressen die Tiere zu viel, vor allem die
Landschildkröten aus den ursprünglichen Habitat mit
besonders kurzem Sommer.

Ich habe auch so ein Tier in meinem Gehege, das im
Buch weiter vorne abgebildet ist. Da muss ich wieder
ran und das Vierzehen Landschildkröten Weibchen
zu einer etwas schlankeren Statur verhelfen. Dieses
Weibchen stürzt sich unheimlich schnell auf das Futter
und wenn etwas übrig bleibt und alle anderen satt
sind und sich wieder sonnen, dann frisst sie alles bis
zum Schluss auf. Auch im Garten sucht sie nach Futter
und nimmt jede Gelegenheit war um zu fressen.
Das arme Tier u. seine Vorfahren stammen bestimmt
aus einem kargen Habitat mit sehr kurzem Sommer.

11. Unfälle

Unfälle vermeiden
Im Gehege der Landschildkröten sollten nur
Gartenarbeiten mit Gerätschaften, wie z.B. Hacke
oder Rasenmäher, unternommen werden, wenn die
Landschildkröten aus dem Gehege entfernt wurden.

Die Gefahr, die kleinen Landschildkröten versehentlich zu verletzen, ist einfach zu groß. Das gleiche gilt natürlich für das Verbrennen von Gehölz, Laub und ähnlichem. Im oder um das Gehege der Schildkröten sollten keine Klettermöglichkeiten für die Tiere geboten werden, weil die Landschildkröten daran hochklettern u. irgendwann hinunter fallen und sich verletzten können. Untergründe aus Beton oder sonstigen glatten und harten Materialien sollten nicht im Gehege sein. Landschildkröten dürfen keinen Zugang zu Swimmingpools oder Teichen haben, weil diese Tiere nicht schwimmen können, ertrinken sie langsam darin. Fällt eine Landschildkröte trotzdem aus unerklärlichen Gründen in ein tiefes Gewässer, dann ist das Tier sofort aus dem Wasser zu holen. Wenn sich die Schildkröte nicht mehr regt, dann mit dem Kopf nach unten halten und durch langsames auf- u. ab bewegen der Vorderbeine wird das Wasser aus den Lungen gepumpt. Falls die Reanimation klappt, dann sollte die Landschildkröte anschließend warm gehalten werden. Der Zugang zu spielenden Kindern, die mit einem Fahrzeug unterwegs sind, o. Zufahrten auf denen sich Autos bewegen muss für Landschildkröten unerreichbar sein. Bezüglich der Beachtung zu anderen Tieren und der Vergesellschaftung wurde im Buch schon relativ viel geschrieben, siehe dazu u.a. "Freilandhaltung im Garten" und "Gruppenhaltung / Einzelhaltung", usw..

Maßnahmen nach einem Unfall
Grundsätzlich werden Landschildkröten, bei Brüchen oder Schnittverletzungen genauso behandelt wie andere Tiere oder Menschen.

Bei leichten Schnittverletzungen wird die Wunde gereinigt u. mit einer antiseptischen Salbe behandelt, ggf. mit einem Pflaster geschützt oder verbunden. Knochenbrüche oder Brüche am Carapax / Plastron sollten sinnvoller Weise vom Tierarzt fachgerecht behandelt werden. Sind die Landschildkröten verletzt, dann ist es besonders wichtig während dem Heilungsprozess die Tiere gut zu ernähren u. die Zusatzstoffe wie Kalzium und Vitaminpulver ausreichend zu verabreichen. Ebenso sind verletzte Tiere mit Wärme und Licht mit UV-A u. UV-B Strahlungen, idealerweise Sonnenlicht, zu versorgen, um eine bestmöglichste Heilung zu ermöglichen.

12. Gesetz

Allgemein und Vorgaben

In Europa, jedem einzelnen Staat, dem Herkunftsland und Deutschland gibt es Gesetze die beachtet werden müssen. Oftmals ist es nicht so einfach hier alles zu verstehen und nachzuvollziehen, oder es gibt gar Überlagerungen oder Widersprüche. Hierzu kann ich keine generelle Aussage treffen, zumal sich die Gesetze bezüglich Naturschutz, Tierhaltungsgesetz und der Schutz der Landschildkröten ständig ändern. Aber ich möchte darauf hinweisen, dass ein Landschildkrötenhalter sich vor der Anschaffung der Tiere unbedingt damit auseinandersetzten muss, denn wie heißt es so schön "Unwissenheit schützt vor Strafe nicht". Auf den Landratsämtern seiner Gemeinde oder Stadt kann man sich informieren, die wissen in der Regel sehr genau was beachtet werden muss. Eine weitere Option sind die Züchter oder Händler.

CITES

CITES heißt ausgeschrieben "Convention on International Trade in Endangered Species of Wild Fauna and Flora". Dies bedeutet in der Deutschen Sprache ein Übereinkommen über den internationalen Handel mit gefährdeten Arten freilebender Tiere und Pflanzen und ist eine internationale Konvention, die einen nachhaltigen, internationalen Handel mit den in ihren Anhängen gelisteten Tieren und Pflanzen gewährleisten soll. Am dritten März neunzehnhundertdreiundsiebzig wurde die Konvention in Washington das erste Mal unterzeichnet. Aus diesem Grund spricht man oft auch vom Washingtoner Artenschutzübereinkommen "WA". CITES greift nicht in die Souveränität eines Staates ein, die rechtliche Umsetzung und der Vollzug unterliegen jedem Mitgliedstaat. Die CITES Verwaltung hat seinen Sitz in Genf und wird von der UNEP, dem "Umweltprogramm der Vereinten Nationen" bereit gestellt.

Registrierung

Jeder der Landschildkröten züchtet, kauft oder verkauft, der ist verpflichtet dies auf den zuständigen Ämtern seines Landes registrieren zu lassen. Wie gesagt, ich möchte hier nicht alle Dokumente aufzählen, zumal das jedes Bundesland anders handhabt. Aber so viel sei gesagt, die Landschildkröten und der Handel muss zwingend registriert werden. Wer dies nicht durchführt, der hat mit sehr hohen Bußgeldstrafen zu rechnen.

Die Gesetze / Registrierung klingen streng und aufwendig,
aber ich möchte den aktuellen und zukünftigen Landschild-
krötenhaltern und Züchtern Mut zusprechen, denn dieses
Hobby ist nicht nur sehr schön und interessant, sondern
gleichzeitig entspannend und gesund für Körper und Geist.
In diesem Sinne wünsche ich ihnen viel Erfolg und danke
ihnen für die Rettung und Erhaltung der Landschildkröten
durch die Zuchterfolge in ihrer Heimat.

Griechische Landschildkröten im Gehege
Vierzehen Landschildkröten im Gehege

Widmung

Dieses Buch wurde geschrieben, um mit einfachen Worten,
ein wenig mehr Licht in das interessante und schöne Hobby
der Landschildkrötenhaltung und Zucht zu geben. Ich möchte
mit meinem Wissen und der langen Erfahrung den aktuellen
und zukünftigen Landschildkrötenfreunden als Hilfestellung
mit auf den Weg geben, um eine erfolgreiche Haltung und
Zucht der Griechischen- und der Vierzehen Landschildkröten
zu ermöglichen.

Es wurde viel Freizeit gewidmet, die nötig war um dieses
Buch zu erstellen, deshalb geht ein großes Dankeschön
an meine kleine Familie und unseren Freunden.

Ein herzliches und liebes Dankeschön an Yvonne, die mich
durch ihre Wissbegierde und manche Anmerkung motiviert
das Schreiben fortzuführen und zweckdienliche Hinweise
einbringt.

Veröffentlichte Bücher von Wolfgang Pade

Schwabentrio auf Weltreise

Motorradreise Südosteuropa

Expeditionsreise Südostafrika

Expeditionsreise Zentralamerika

Afrika Umrundung Teil 1

Afrika Umrundung Teil 2

Afrika Umrundung Teil 3

Afrika Umrundung Teil 4

Backpacker Teil 1 Philippinen Indonesien Singapur

Backpacker Teil 2 Philippinen Indonesien Singapur

Inselhüpfen in der Karibik

Kreuzfahrt in der Karibik

Flusskreuzfahrt in Russland

Kreuzfahrt Hamburg - Spitzbergen

Rundreise Vietnam

Backpacker Malaysia Kuala Lumpur

Backpacker Sri Lanka

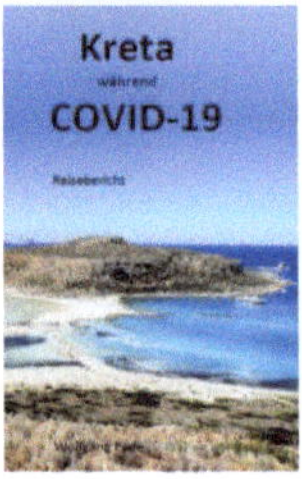

Kreta während COVID-19

Freiheit Motorrad Kroatien

Porto im Winter während COVID-19

Landschildkröten Griechisch und Vierzehen